Bibliographic information published by the German National Library:

The German National Library lists this publication in the National Bibliography; detailed bibliographic data are available on the Internet at http://dnb.dnb.de .

Imprint:

Print and binding: Books on Demand GmbH, Norderstedt Germany
ISBN: 9783668555242

This book at GRIN:

http://www.grin.com/es/e-book/377393/introduccion-a-los-potenciales-relacionados-con-eventos-caracteristicas

Idileisy Torres-Rodríguez, Marta Madyuri Pérez de Morales Artiles, Juan Carlos Oliva Pérez

Introducción a los Potenciales Relacionados con Eventos, Características y Detección

GRIN Publishing

Universidad Central "Marta Abreu" de Las Villas

Facultad de Matemática, Física y Computación

Centro de Investigaciones en Informática

Introducción a los Potenciales Relacionados con Eventos, Características y Detección

Autores: Ms.C. Idileisy Torres Rodríguez, Profesora Asistente

Marta Madyuri Pérez de Morales Artiles, 5to año Telecomunicaciones y Electrónica

Juan Carlos Oliva Pérez, 5to año Telecomunicaciones y Electrónica

2017

Resumen

Los potenciales relacionados con eventos son señales biomédicas especiales que poseen cierto sincronismo con algún evento, como pudiera ser un estímulo externo en el caso de los potenciales evocados. Los potenciales evocados pueden ser auditivos, visuales o somatosensoriales, según la naturaleza del estímulo. La reducción de ruido es el primer paso en la mayoría de los sistemas de procesamiento de señales biomédicas. La calidad y exactitud del resto de las operaciones que se realicen sobre la señal dependen en gran medida de la calidad de los algoritmos de reducción de ruido que se hayan empleado en el preprocesamiento de la señal. El método usado comúnmente para realizar el realce de la señal de interés es el promediado coherente. Sin embargo, esta técnica presenta algunas limitaciones que justifican la búsqueda de alternativas para detectar o extraer las características de estas señales. El promediado pesado es una posible alternativa, sin embargo, este aun no es suficientemente apropiado cuando la señal no es estacionaria dentro de la época. Las técnicas de promediado recortado poseen una mejor solución cuando se está en presencia de ruido de tipo impulsivo, pero estos métodos aun no contemplan los desalineamientos que pueden estar presentes en la señal y que pueden traducirse en una reducción de la amplitud. Otra cuestión importante es la evaluación objetiva de las respuestas y la capacidad de determinar cuándo detener el proceso de promediado. Algunas de las técnicas usadas para la extracción de los potenciales evocados y su evaluación son descritas en este artículo.

Índice

Introducción a los Potenciales Relacionados con Eventos

Las respuestas eléctricas del sistema nervioso sincronizadas en tiempo con ciertos estímulos, excitaciones eléctrica, movimientos o cualquier otro evento identificable, son comúnmente referidas como Potenciales Relacionados con Eventos (PRE) [1]. Los PRE se distinguen por ser señales bioeléctricas especiales. Aparecen como fluctuaciones de voltaje repetidas asociadas en el tiempo con algún evento físico o mental [2]. Estos pueden ser extraídas del registro electroencefalográfico (EEG) usando promediado de señales [3]. El término Potencial Evocado (PE) es usado para referirse a un grupo de PRE especiales [1], estos son formas de ondas emitidas por el cerebro como respuesta a una estimulación sensorial [4][3]. Otras señales bioeléctricas como los Potenciales Tardíos Ventriculares, la Voz, o la señal Oscilométrica pueden ser vistos como PRE pero en un sentido más amplio [5]. Los potenciales evocados sensoriales pueden ser registrados en diferentes contentos clínicos. Estos pueden ser usados para evaluar la función sensorial periférica o para evaluar además la integración funcional entre la parte sensorial y el sistema nerviosos central o ambas [1]. Los potenciales se obtienen registrando las respuestas del cerebro con la ayuda de electrodos. Los electrodos se colocan sobre el cuero cabelludo utilizando la misma configuración que si se fuese a registrar la actividad electroencefalográfica. La posición de los electrodos responde a la norma internacional 10/20 [6]. Los potenciales se manifiestan como una respuesta transiente, donde su morfología depende del tipo y de la fuerza del estímulo aplicado, además del electrodo donde se adquiere la respuesta. También influyen en la forma de onda obtenida el estado mental del paciente, por ejemplo, si se encuentra despierto, prestando atención o a la expectativa de algún resultado [3].

Potenciales Evocados y su clasificación

Un estímulo produce un impulso eléctrico en las células nerviosas sensoriales el cual se propaga a través de las fibras nerviosas al cerebro. La suma de todos los impulsos resultantes, en combinación con la actividad eléctrica en curso del cerebro, constituye la respuesta al estímulo. El impulso producido inicialmente es un pico de muy corta duración [7], pero es prolongado por varios factores cuando es grabado por electrodos sobre la superficie del cuero cabelludo [8]. El cambio en la morfología de la onda es particularmente causado por la propagación del impulso en varias fibras nerviosas de forma paralela con velocidades de conducción ligeramente diferentes. Otro factor determinante es que la superficie del electrodo registra la actividad en una gran región y provoca que el potencial sea suavizado [3]. Los PE pueden clasificarse teniendo en cuenta diferentes criterios de clasificación: según su naturaleza, relación temporal con el estímulo, modalidad sensorial y relación con la frecuencia de estimulación

Según su modalidad sensorial

Potenciales Evocados Auditivos

La actividad neural específica que surge de la estimulación acústica como un patrón de fluctuaciones de voltaje que dura aproximadamente medio segundo es un potencial evocado auditivo [9]. Dependiendo del tipo y colocación de los electrodos, la amplificación de la señal, la selección de los filtros y el periodo post estimulo es posible detectar la actividad neuronal que surja desde diferentes estructuras que abarquen desde el nervio auditivo hasta la corteza cerebral [8][10]. La respuesta puede ser dividida en tres intervalos de acuerdo a la latencia, la respuesta de tallo cerebral o respuesta temprana (aproximadamente entre los 2 ms y 10 ms después del estímulo), respuesta de latencia media (entre los 10 ms y 80 ms) y respuestas tardías (entre 80 ms y 500 ms). Estas respuestas corresponden aproximadamente al lugar que las genera, la primera corresponde a la activación de la cóclea y los núcleos auditivos del tronco encefálico, la segunda está relacionada con la activación tanto del tálamo auditivo como de la corteza y los tardíos, representan la activación generalizada de la corteza frontal [9][11]. Los potenciales de corta latencia o de tallo cerebral han sido usados para la evaluación de diferentes tipos de pérdidas auditivas (audiometrías), el diagnóstico de ciertos desórdenes cerebrales y en el monitoreo intraoperatorio para prevenir el daño neurológico durante la cirugía. Las respuestas de media latencia son usadas para el monitoreo de la profundidad de la anestesia durante la cirugía, analizando la latencia la cual se ha corroborado mantiene una estrecha relación con el grado de profundidad anestésica[12][13][14]. Las respuestas tardías o de larga latencia se encuentran asociadas principalmente al procesamiento de eventos neurocognitivos. Son respuestas evocadas cuyos componentes generalmente son independientes de las propiedades físicas del estímulo y se modifican fundamentalmente según diferentes variables fisiológicas como el estado de conciencia, la atención, motivación, etc. [15]. En la literatura se describen diferentes tipos de componentes que permiten la caracterización de las respuestas en función de su latencia. Los primeros componentes (I-VI) caracterizan al potencial de corta latencia, los componentes (N_0, P_0, N_a, P_a, N_b) a la latencia media y los componentes (P_1, N_1, P_2, N_2) a la larga latencia. Existen otros componentes descritos en la literatura que son clasificados como componentes de muy larga latencia (P_{3a}, N_{3b}, N_{4b}, P_{5a}), estos son componentes endógenos estrechamente relacionados a procesos cognitivos y requieren de la concentración del paciente para su obtención.

La Figura 1. *1* muestra un ejemplo de un potencial auditivo obtenido usando un clic como estímulo, dividido en diferentes áreas según la latencia de cada una de ellas. En la figura no son mostrados los componentes de muy larga latencia, componentes P300 (P3) y N400 (N4) porque estos aparecen cuando se utiliza el sistema de estimulación *oddball.* En el epígrafe Tipos de estimulación para la obtención de PE se describe con mejor detalle este tipo de estimulación.

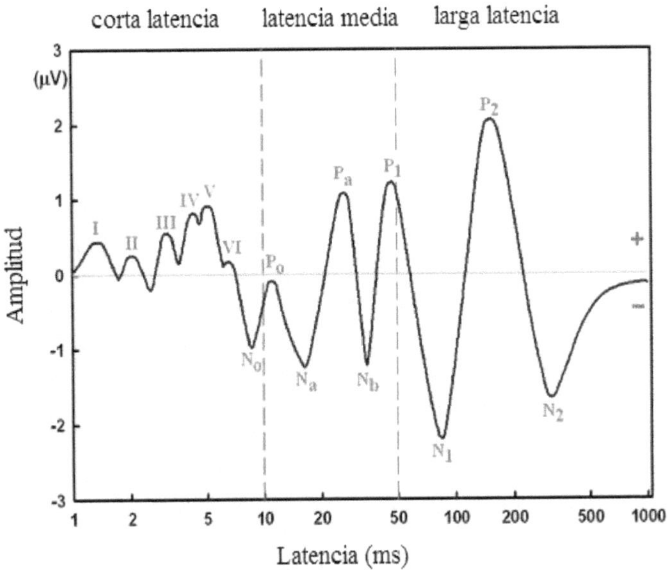

Figura 1. 1. Representación esquemática de los componentes de un potencial evocado auditivo trazados en escalas logarítmicas [11].

La Tabla 1. *1* resume los principales componentes de la respuesta auditiva y sus latencias aproximadas. Los valores corresponden al promedio de los resultados obtenidos con 20 sujetos supuestamente normo oyentes estimulados a una intensidad de 60 dB según se describe en [11].

Tabla 1. 1. Componentes de los potenciales evocados auditivos y sus latencias

Corta Latencia		Latencia Media		Larga Latencia	
Componentes	Latencia (ms)	Componentes	Latencia(ms)	Componentes	Latencia(ms)
I	1,5	N_0	8,9	P_1=P_b	50
II	2,6	P_0	12	N_1	83
III	3,8	N_a	16	P_2	161
IV	5,0	P_a	25	N_2	290
V	5,8	N_b	36	P_3	300
VI	7,4	P_b=P_1	50	N_4	400

Potenciales Evocados Visuales

Los potenciales evocados visuales, de forma similar a los auditivos, constituyen respuestas a un estímulo, que en este caso puede estar basado en un patrón visual o no. La estimulación a una baja razón, aproximadamente a 4 estímulos por segundo, produce potenciales evocados visuales de tipo transiente. La estimulación a una alta razón (más de 10 estímulos por segundo) produce potenciales evocados visuales de estado estable [16]. La forma de onda típica de un potencial evocado visual es mostrada en la Figura 1. 2.

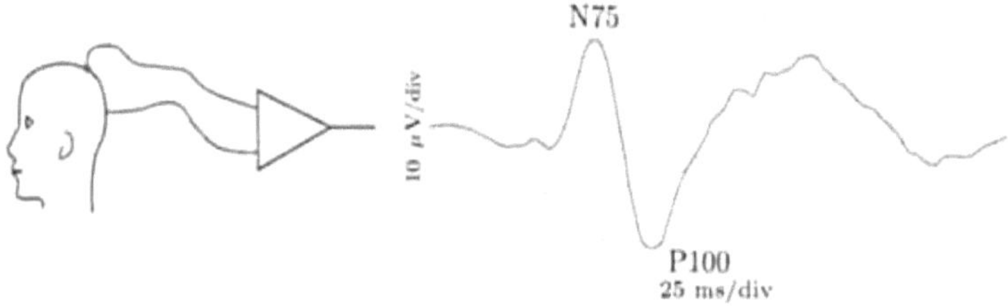

Figura 1. 2. Morfología típica de un potencial evocado visual [3].

Un potencial evocado visual anormal puede presentar cambios en la latencia, la amplitud y la morfología de la onda. Una prolongación de la latencia de P100 es un indicador de anormalidad, la cual puede ocurrir debido a la no cooperación del paciente o a factores técnicos. Cuando la latencia excede 2,5 ó 3 desviaciones estándar de la media de una población normal utilizada como muestra de control, se puede decir que existen anormalidades en esta medida. Con respecto a la amplitud, la ausencia de respuesta grabada en múltiples posiciones de la línea media y la parte occipital lateral después de un prolongado tiempo de análisis de aproximadamente 500 ms puede ser una causa de anormalidad de la respuesta.

Aunque en la Figura 1.2 se muestran solo dos componentes que caracterizan esta respuesta, también existe el N145 que unido al N75 y al P100 puede ser encontrado en la línea media y área occipital lateral cuando el estímulo aplicado corresponde a la mitad del campo visual. Otros componentes como el

P75, el N105 y el P135 pueden ser registrados en el área occipital lateral y temporal posterior en la mitad contraria a la mitad que es estimulada.

Los potenciales evocados visuales poseen una amplitud mucho mayor que los potenciales auditivos, en el rango de los 20 μV. Como consecuencia en muchas ocasiones un potencial evocado visual puede ser visto en el EEG en curso, no obstante, la reducción de ruido es realizada en las rutinas clínicas, para lo cual se promedian alrededor de 100 respuestas, 200 para asegurar la replicabilidad del potencial. Las componentes espectrales de estas señales se encuentran comprendidas en el rango de frecuencias entre 1-300 Hz.

Potenciales Evocados Somatosensoriales

Los potenciales evocados somatosensoriales son producidos por la estimulación eléctrica de un nervio periférico particular del cuerpo humano, usualmente un nervio ubicado en el brazo o en la pierna. Este tipo de estimulación permite adquirir información acerca de la funcionalidad de la conducción entre el punto de estimulación seleccionado a través de la columna vertebral a la corteza cerebral. Los potenciales evocados somatosensoriales pueden ser usados para identificar bloqueos en la conducción de los caminos sensoriales, producidos por ciertos desórdenes como puede ser la esclerosis múltiple. Otra aplicación de estas señales es el monitoreo intraoperatorio durante cirugías de la columna vertebral, un cambio en la morfología de la onda durante la cirugía puede alertar sobre un deterioro de la función neurológica en el lugar.

En las rutinas clínicas usualmente se utilizan los registros obtenidos estimulando tres diferentes nervios, el nervio medio en el brazo, el tibial y el peroneal en la pierna. La ventana de análisis debe ser apropiadamente seleccionada, para el nervio medio se sugiere usar ventanas de 40 ms y para el nervio tibial posterior de 60 ms, en ocasiones este tiempo es necesario extenderlo para poder analizar respuestas muy retardadas o determinar la ausencia de estas.

El número de respuestas a ser promediadas depende del ruido presente y del voltaje de la señal registrada, típicamente se requieren de varios cientos de respuestas a varios miles. La replicabilidad de la respuesta es utilizada para garantizar la existencia de respuesta, en presencia de bajos niveles de ruido, dos replicas son suficientes, a niveles mayores se deben obtener más. La fuente de ruido que ofrece mayores problemas es la actividad muscular y los movimientos del paciente. Por esta razón, usualmente los pacientes son sedados, sin sedación no se ha sido posible obtener resultados satisfactorios. En [17] se definen algunos componentes esenciales dependiendo del nervio que sea estimulado. En la Figura 1.3 se muestran algunas componentes esenciales luego de la estimulación de una extremidad inferior.

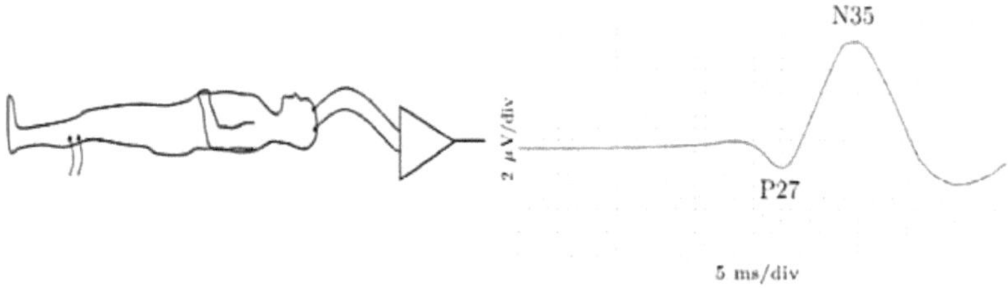

Figura 1.3. Potencial evocado somatosensorial típico registrado cuando el nervio peroneal es estimulado [3].

Según la relación con la frecuencia de estimulación (frecuencia de repetición del estímulo)

PE transiente

Son aquellas respuestas evocadas que se obtienen cuando ocurre un cambio o modificación en el estímulo.

PE sostenidos

Son aquellas respuestas evocadas que se obtienen sólo cuando se mantiene la continuidad del estímulo.

Los Potenciales transientes como los sostenidos se obtienen con frecuencias de estimulación suficientemente lentas como para permitir el registro de una respuesta evocada completa antes de que se presente el siguiente estímulo.

PE de estado estable

Son aquellas respuestas evocadas que se obtienen sólo con frecuencias de estimulación tan rápidas que la respuesta transiente a un estímulo se superpone con la respuesta transiente que genera el siguiente estímulo. Esto origina un tipo de respuesta evocada periódica (casi sinusoidal) cuyos nuevos componentes electrofisiológicos (amplitud y fase) están relacionados armónicamente con la frecuencia de repetición del estímulo.

Tipos de estimulación para la obtención de PE

Los potenciales evocados varían en cada una de las modalidades sensoriales, dependiendo del tipo de estímulo y de los métodos usados para la generación de estos. La forma de onda de la respuesta depende de la intensidad del estímulo. Cuando la intensidad del estímulo es baja se necesita un número mayor de respuesta a promediar con el objetivo de aumentar la amplitud de la forma de onda. Pero es importante tener cuidado, pues un aumento desmedido de la intensidad del estímulo provocaría también un aumento desmedido de la respuesta y un decrecimiento de la latencia, transformándose por completo la forma de onda de la señal y aumentando incluso el número de picos que la conforma. Otro parámetro importante es la frecuencia de estimulación, la frecuencia de estimulación depende en gran medida de la modalidad sensorial que se explore, dado que la respuesta del sistema nervioso varía según esta; por ejemplo, a una frecuencia mayor de estimulación puede producirse una disminución de la amplitud del potencial evocado.

Estimulación para PE auditivos (PEA)

La selección del tipo de estímulo a utilizar es una de las cuestiones más complejas de todo el proceso de medición del potencial evocado auditivo. El estímulo ideal debería permitir, entre otras cosas, determinar objetivamente el umbral de audición a las diversas frecuencias de la audiometría subjetiva tradicional. Esto es muy difícil de lograr en la práctica ya que los estímulos para PE deben satisfacer dos requisitos que en la práctica se contraponen. En primer lugar, deben ser de muy corta duración, ya que, debido entre otras cosas al potencial microfónico coclear, la presencia del estímulo ocasiona un artefacto que interfiere con el potencial a investigar. Además, un estímulo prolongado tiende a producir un fenómeno de adaptación, que altera considerablemente el perfil del potencial evocado. En segundo lugar, estos estímulos deberían poseer una gran especificidad tonal, lo cual desde el punto de vista espectral implica que la energía debería estar concentrada en una región muy angosta del espectro [18]. Estos requisitos se contraponen, ya que las señales de muy corta duración tienden a tener un espectro muy extendido, y las de espectro angosto requieren una duración considerable. A lo anterior se agrega el hecho de que por más que se dispusiera de un estímulo muy corto y de gran especificidad tonal, la cóclea reacciona tonotópicamente sólo en régimen permanente o estacionario. El régimen que imponen los estímulos muy cortos es necesariamente transitorio, siendo difícil establecer una correlación directa entre el PE y el umbral de audición para una frecuencia determinada. Esto es válido muy especialmente para las bajas frecuencias. Para los estudios de PE se utilizan diferentes tipos de estímulos, entre ellos: el clic, los tonos breves, los tonos continuos modulados y más reciente el *chirp*.

Clic

Se recomienda que en aplicaciones de obtención de potenciales evocados auditivos se usen clics de banda ancha como estimulador para la obtención de estas bioseñales [18]. La razón principal es que la energía acústica de estos se propagada sobre un amplio rango de audio frecuencias[18][19]. Los clics deben ser generados utilizando un pulso rectangular de 100 μs. En situaciones semejantes a monitoreo intraoperatorio, los clics son aplicados insertando el estimulador en el oído [20].

Tonos Breves

Los Tonos Breves han sido también empleados en la obtención de respuestas transientes [21]. Estos, a diferencia del estímulo clic, se obtienen a partir de sinusoides puras moduladas por pulsos de voltaje con determinada envolvente (exponencial o trapezoidal); y representan un compromiso entre el clic y los estímulos tonales de larga duración utilizados en la audiometría convencional [22]. El espectro del tono breve tiene una banda central de mayor energía correspondiente a su frecuencia nominal, y bandas laterales hacia frecuencias mayores y menores. La periodicidad de las bandas laterales está determinada por la duración del estímulo tonal, y la energía relativa contenida en cada una de las bandas laterales es mayor mientras más breve sea el tiempo de ascenso y caída del tono breve. La selección de los parámetros de duración del tono breve está determinada en cierta medida por el tipo de PEA que se quiere registrar. Mientras menor sea la latencia de los componentes del PEA, más breves han de ser los estímulos que lo provoquen. Por tanto, el problema de la dispersión de frecuencia del estímulo es más grave cuando se registran PEA de corta latencia. La forma más utilizada para intentar solucionar el problema de la dispersión de energía acústica del estímulo en los PEA transientes ha sido empleando técnicas de enmascaramiento [23]. Estas técnicas, a pesar de lograr respuestas más específicas en frecuencia que las provocadas por el estímulo clic o el tono breve, son costosas en tiempo, complejas desde el punto de vista técnico y requieren de una alta experticia para la interpretación y análisis de los resultados. Por otra parte no se conoce adecuadamente el posible efecto del estímulo (ruido) enmascarante sobre oídos con daño coclear.

Tonos Continuos Modulados

Se conoce que un tono continuo modulado en amplitud (tono AM) tiene un componente espectral a nivel de la frecuencia portadora, y otros dos componentes de menor energía a la frecuencia portadora más / menos la frecuencia moduladora [24]. Basado entonces en las propiedades de rectificación del oído interno, la respuesta a este tipo de estímulo, una vez transformada al dominio de la frecuencia, quedaría representada como un componente espectral a la frecuencia con la que se moduló dicho tono portador. Esta característica de los tonos modulados los convierten en estímulos más específicos en frecuencia que los chasquidos y los estímulos tonales breves comúnmente usados para obtener los PEAT [25][26].

Chirp

Un reciente avance en el registro de Potenciales Evocados auditivos transientes o de tallo cerebral, es el uso del estímulo *chirp*. El estímulo *chirp* ha sido propuesto en la literatura con el objetivo de compensar los retardos de frecuencia de la membrana basilar, en la cóclea. Mientras que usando un clic se estimulan las regiones cocleares de baja frecuencia después de las regiones de alta frecuencia, el *chirp* fue diseñado para producir un máximo desplazamiento simultáneo cancelando las diferencias de tiempo a lo largo de las diferentes particiones de la cóclea. La parte de baja frecuencia de la cóclea es estimulada a la misma vez que la parte de las altas frecuencias, así como todas las partes de la membrana basilar alcanzan la máxima despolarización, produciendo una respuesta neuronal de forma simultánea. El componente V del potencial transiente de corta latencia obtenido usando como estímulo una señal *chirp* posee mayor amplitud que el obtenido usando el clic [27]. Diferentes tipos de *chirps* han sido diseñado basados en modelos diferentes del retardo del viaje de la onda por la cóclea[20][28].

Estimulación para PE visuales

Como se ha dicho anteriormente los potenciales evocados visuales (PEV), constituyen respuestas evocadas registradas luego de la estimulación sensorial visual. Existen dos formas básicas de estimulación usadas para obtener esta señal, la estimulación basada en un modelo de tablero de ajedrez reverso y la estimulación basada en un destello luminoso o flash.

Tablero de ajedrez

El modelo de tablero de ajedrez reverso es el estímulo más utilizado, es un modelo simple y fiable. Presenta una estructura con bordes bien definidos como puede ser un damero. El damero invierte las celdas claras y oscuras provocando una respuesta visual al mismo tiempo que mantiene la luminosidad promedio invariante en el tiempo.

Las respuestas producidas por este tipo de estímulo presentan menor variabilidad intra e inter individuos que la repuesta obtenidas usando un flash como estímulo. En este tipo de estímulo el tamaño de los cuadros, la posición y el tamaño del campo, los colores de los cuadros y la razón de estimulación constituyen diferentes parámetros que permiten chequear selectivos y específicos segmentos del camino visual. Cada una de estas especificaciones debe ser descrita cuidadosamente en el protocolo que se siga para obtener las respuestas. La presentación del patrón se realiza alternando los cuadros blancos y negros en cada estimulación. La razón de la estimulación es diseñada generalmente de dos formas, teniendo en cuenta las inversiones por segundo, la cual es las veces que el patrón cambia por ciclo o teniendo en cuenta los ciclos por segundo, en este caso son los ciclos de negro-blanco-negro que se suceden en un segundo, de esta forma un ciclo es igual a dos inversiones. Otro aspecto que es necesario especificar es cuando la estimulación se realiza de forma monocular o binocular, o cuando se estimula el campo visual completo o solo la mitad del campo. El estímulo empleado debe ser apropiado a las condiciones clínicas individuales del paciente. En algunas ocasiones el uso de más de un estímulo en el estudio puede proporcionar ventajas en la evaluación.

Flash

La estimulación tipo flash presenta grandes varianzas en las componentes de la respuesta, amplitudes y latencias, no solamente para diversos individuos, sino incluso para un mismo individuo. Esto provoca un esparcimiento espectral de la respuesta, concentrando la energía en un entorno no deseado de la frecuencia de presentación del estímulo y deteriorando la SNR. Por otro lado, la respuesta ante estímulos tipo flash es independiente de la voluntad de cooperación del individuo. Estos potenciales se producen incluso en estados de inconsciencia y puede utilizarse para descubrir daños en el sistema visual humano en pacientes en estado comatoso [29].

La generación del estímulo puede ser hecha usando una lámpara fotoestimuladora, una matriz de diodos (LED) emisores de luz o un estimulador Ganzfeld. La lámpara fotoestimuladora es habitualmente la más disponible para esto fines. Esta lámpara produce breve flashes por descargas de luz xenón en el tubo tal cual un estroboscopio. Si el estroboscopio produce descargas audibles, semejantes a clic o ruido, un enmascaramiento de ruido blanco debe ser usado para evitar la ocurrencia de un potencial evocado auditivo. Usualmente es usada una razón del estímulo de uno por segundo, no obstante, en infantes se usan razones menores.

Estimulación para PE somatosensoriales

En el caso de los PE somatosensoriales, diferentes nervios periféricos son estimulados usualmente usando electrodos transcutáneos puestos sobre la piel en el nervio seleccionado. Para minimizar las molestias, la impedancia de los contactos debe ser de 5 kΩ o menor. Un electrodo a tierra es puesto en el miembro estimulado para reducir los artefactos. Pulsos rectangulares monofásicos son liberados usando cualquier estimulador de voltaje o corriente constante. Los parámetros del pulso incluyen, un ancho del pulso entre 100 – 300 μs y una razón de estimulación entre 3- 5 Hz. La intensidad del estímulo debe ser adecuada a los niveles de tolerancia de los nervios de los músculos. No obstante, en algunas pruebas clínicas se requieren especificaciones más precisas sobre la intensidad de la estimulación, relativas a los umbrales motores y sensoriales [30].

Requerimientos de instrumentación para el registro de PE

La adquisición de los potenciales evocados requiere de varios elementos básicos para llevar acabo su registro. El primero de estos elementos es el paciente. Los electrodos no solo registran los potenciales y la señal EEG generados a nivel cerebral, también registran las señales electromiográficas de la musculatura subyacente a la posición del electrodo. Debido a estas razones es necesario que el paciente se encuentre en reposo, relajado, con el objetivo de reducir la actividad eléctrica de fondo, la cual deberá ser reducida con la ayuda de filtros y las diferentes técnicas de promediación. Otro elemento es la amplificación, la cual es necesaria para aumentar la amplitud de la señal eléctrica adquirida, la cual está en el orden de los microvoltios. Los amplificadores usados son del tipo diferencial, el cual amplifica la diferencia de voltaje entre dos de las tres entradas y cancela los componentes en común adquiridos por los tres electrodos. Otra etapa del acondicionamiento de la señal es el filtrado analógico de las respuestas, el cual tiene como objetivo esencial disminuir en lo posible el ruido de fondo de la señal adquirida, sin que la amplitud y la morfología de la onda sufran modificaciones significativas. Para este propósito se disponen de filtros pasa bandas en diferentes configuraciones según el tipo de potencial que se desea registrar. En las secciones siguientes se describen mejor estas especificaciones de diseño de acuerdo a cada tipo de potencial. La selección de filtros adecuados es igualmente determinante en la morfología de la onda, dado que la incorrecta determinación de las frecuencias de corte, pueden generar efectos significativos sobre las latencias de los picos.

Registro de PEA

Para el registro de PEs, se requiere de una etapa de amplificación diferencial, donde señales del orden de 5-50 μV sean amplificadas cubriendo completamente el rango dinámico del convertido A/D. La impedancia de entrada del amplificador no debe ser menor de 100 MΩ. El rechazo al modo común (CMRR) debe de ser de al menos 80 dB. El nivel de ruido del amplificador no debe exceder los 2 μVrms [31]. La resolución horizontal (tiempo) debe de ser de 20 μs/muestra o menor. Es necesario analizar el valor mínimo de la frecuencia de muestreo (fs) que se puede usar y que evite el *aliasing* o solapamiento espectral. Según el teorema de Nyquist -Shannon la frecuencia mínima de muestreo debe ser al menos el doble de la máxima componente de frecuencia de la señal que se desea muestrear [31–33]. En este caso, las componentes espectrales de los PEA se encuentran aproximadamente en el rango comprendido entre 30 y 3 000 Hz [31][1], por lo que se requiere de una fs mínima de 6 kHz. Para una resolución horizontal de 20 μs/muestra se requiere de una fs igual 50 kHz. En cuanto a la resolución en amplitud, para varias aplicaciones un convertidor de 8 bits es adecuado, no obstante se recomienda el uso de convertidores A/D de 12 o más bits de resolución, que permiten la explotación de un rango dinámico mayor. Se necesitan de al menos dos canales para realizar el registro de los PEs de tallo cerebral[31]. Los estándares para el registro de PEA propuestos por la Sociedad Clínica Americana de Neurofisiología [31] sugieren el uso de filtros pasa banda, con frecuencias de corte comprendidas entre 10 y 30 Hz en las bajas frecuencias y 2,5 - 3,0 kHz en las altas a -3 dB, con cambio de pendiente de -12 dB/octava en la banda de las bajas frecuencias y de -24 dB/octava en la banda de las altas frecuencias. No recomiendan el uso de filtros *notch* [1], dado que estos pueden resonar al ser activados por un súbito transiente semejante a un estímulo auditivo o somatosensorial. Como resultado, un *burst* de 60 Hz de amplitud decreciente (intervalo inter picos de 16,66 ms) puede contaminar la respuesta. Para la obtención de los PEA se recomienda promediar entre 1 000 y 4 000 respuestas individuales con el fin de obtener una forma de onda con buena resolución. Se sugiere además realizar la obtención de una o dos respuestas más y superponerlas entre sí para garantizar la replicabilidad del PE obtenido [31].

En la Figura 1. *4* se muestran los principales bloques de un sistema de adquisición de Potenciales Evocados Auditivos. En este caso el sistema corresponde al equipo AUDIX [35], desarrollado por la empresa NEURONIC [36][37][38]. NEURONIC es una empresa con años de experiencia en la comercialización de tecnología médica, que propone una línea de equipamiento diagnóstico de trastornos de la audición, resultado de la labor de investigación + desarrollo del Centro de Neurociencias de Cuba. Este diagrama cumple con los requerimientos de instrumentación recomendados por la Sociedad Clínica Americana de Neurofisiología [1].

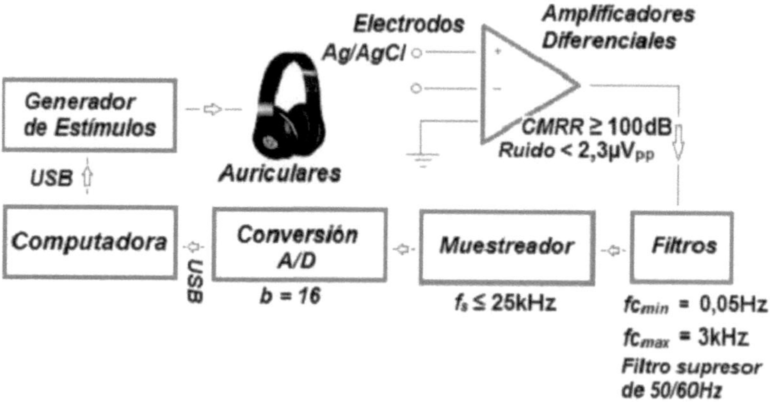

Figura 1. 4. Diagrama en bloques del sistema AUDIX 5 [39].

Registro de PEV

Para realizar la obtención de lo PEV se necesita de un sistema con filtros pasa banda con un ancho de banda (Bw) entre 1 y 100 Hz a -3 dB con una pendiente que no exceda los -12 dB/octava para las bajas frecuencias y los -24 dB/octava para las altas frecuencias. Se requiere de un análisis temporal de 250 ms. Al menos dos respuestas deben ser registradas. Un adecuado número de estímulos deben ser presentados en cada prueba para asegurar la reproducibilidad de los componentes principales de la respuesta. Generalmente las respuestas replicadas deben dar latencia P100 con una diferencia aceptable de ±2,5 ms. La amplitud pico a pico de N75-P100 o de P100-N145 debe estar entre un 15 % de diferencia. Estos valores se pueden obtener con 100-200 estímulos por respuesta. En el caso de respuestas de baja amplitud se necesitan 400 o más estímulos [3][16].

Registro de PES

Al igual que los potenciales descritos anteriormente, en el registro de PES se utilizan electrodos sobre el cuero cabelludo según norma internacional 10/20. La impedancia de los electrodos debe ser menor de 5 kΩ. Se requiere de un sistema pasa banda con Bw aproximado comprendido entre 30 y 3 000 Hz. El uso de un ancho de banda mayor, que se extienda hasta 1 Hz en las bajas frecuencias puede tener ciertas ventajas para el registro de señales de larga duración. Este introduce ruidos de baja frecuencia lo que hace que se requiera el promedio de un número mayor de respuestas, prolongándose de esta forma el tiempo del estudio. Cuando el registro se efectúa con un ancho de banda más restringido se debe utilizar un filtro digital de fase lineal para evitar las distorsiones producidas por el filtrado analógico[17].

Preprocesamiento de datos

Para realizar la detección de la señal y su caracterización es necesaria la normalización, centralización y eliminación de las tendencias de la señal, con el fin de estandarizarla y eliminar las componentes AC. Este paso se realiza con el objetivo de garantizar coherencia en las fluctuaciones de las señales de la base de datos. En varios sistemas la etapa de preprocesamiento de los datos incluye la detección de datos faltantes, atípicos y la verificación de la gaussianidad de cada variable.

En primera instancia, se debe verificar en cada una de las variables la presencia de datos faltantes (que puede deberse a mediciones no captadas o mal registradas en algunos pacientes) y de datos no convergentes (generadas como resultados de operaciones indeterminadas en la estimación de parámetros). Cuando esto ocurra, se debe estudiar cada caso en particular, pues si la cantidad de muestras es relativamente pequeña, no es recomendable simplemente eliminar la observación, debido a que esto puede conllevar a estimaciones estadísticas con menor nivel de significancia.

Para la aplicación de diferentes técnicas de análisis multivariado es importante asegurar la homogeneidad de la muestra mediante la eliminación de observaciones que parecen tener un comportamiento diferente a las demás de una misma clase o haber sido generados de forma diferente al resto de los datos. Para cumplir este propósito, se debe hacer un estudio univariado en cada clase para identificar los valores anómalos y contemplar la posibilidad de eliminarlos. Sin embargo, al igual que para el caso anterior debe tenerse cuidado con retirar observaciones de la base de datos, porque es posible que la muestra resultante no posea suficientes observaciones para trabajar con estimadores estadísticos. Una forma de realizar este procedimiento es usar el coeficiente de kurtosis, el cual puede ser definido de la siguiente forma:

Sea X la matriz de datos de dimensión $m \times n$, cuyas filas corresponden a las observaciones y las columnas a las variables; x_{ij} es un elemento de esta matriz, donde $i = 1,...,m$ representa la observación y $j = 1,...,n$ representa la variable. Así el coeficiente de kurtosis es,

$$K_j = \frac{1}{m}\frac{\sum\left(x_{ij} - \bar{x}_j\right)^4}{s_j^4} \qquad (1.\ 1)$$

donde $\bar{x}_j$ es la media de la variable x_j y s_j es su respectiva desviación estándar.

El coeficiente de kurtosis $K \geq 1$ mide la relación entre la variabilidad de las desviaciones y la desviación media, y en distribuciones gaussianas $K_j \rightarrow 3$. Así, aquellos coeficientes alejados de $K_j = 3$ pueden se descartados por falta de homogeneidad, dado que un coeficiente de kurtosis menor que 2 (que tienda a uno) puede significar que la variable refleja la mezcla de dos o más poblaciones, y un $K_j > 7$ indica que la variabilidad será grande y los datos tenderán a alejarse del resto [40].

Debido a las múltiples restricciones que se pueden presentar en el análisis multivariado de una muestra en cuanto al tipo de distribución a la que deben aproximarse las variables, la verificación de gaussividad de dichas variables puede resultar muy significativa al momento de definir las técnicas para el estudio y tratamiento de las variables. Este procedimiento puede ser llevado a cabo mediante la prueba de Kolmogorov-Smirnov o por medio del análisis de kurtosis explicado anteriormente.

Características del ruido que afecta la detección de PE

En el análisis de los Potenciales Evocados, la actividad EEG espontánea es la principal fuente de ruido. Existen otras fuentes de ruidos no cerebrales, tales como el parpadeo de los ojos, la actividad muscular, la línea de alimentación de 50/60 Hz y sus armónicos, los ruidos de instrumentación y la unión de los electrodos. Otros ruidos y artefactos que pueden estar presentes en el análisis de los PEs, son los relacionados con el tiempo de estimulación, los cuales pueden degradar el desempeño de las técnicas de promediado. Generalmente se usan filtros pasa banda, lineales e invariantes en el tiempo para remover el contenido espectral que no corresponde a los PEs. Es imprescindible usar filtros con respuesta de fase lineal con el objetivo de no introducir distorsión en la latencia interpicos [39].

El ruido presente en las señales biológicas puede provenir de diferentes fuentes:

- Ruido electromiográfico o ruido muscular; originado por la contracción de los músculos cercanos al lugar de registro. Los músculos respiratorios suelen introducir este tipo de ruido.
- Ruido introducido por la interfaz piel-electrodo.
- Ruido de alta frecuencia proveniente del ambiente.
- Ruido de línea (50/60 Hz y sus armónicos).

La cancelación de estos tipos de ruido mediante las técnicas de filtrado convencional no siempre es posible. Esto se debe a que la composición espectral de los mismos esta solapada con el espectro de la señal a tratar, por lo cual, al eliminar las componentes frecuenciales del ruido también se elimina información de interés. Otra limitación surge del hecho de que muchas veces la naturaleza del ruido es desconocida y por lo tanto no se puede diseñar el filtro adecuado para eliminarlo.

Técnica de Reducción de Ruido

La reducción de ruido es el primer paso en la mayoría de los sistemas de procesamiento de señales biomédicas. La calidad y exactitud del resto de las operaciones que se realicen sobre la señal dependen en gran medida de la calidad de los algoritmos de reducción de ruido que se hayan empleado en el preprocesamiento de la señal. Cuando el espectro de las señales y del ruido contienen un solapamiento significante las técnicas de filtrado convencionales introducen distorsión en la señal y pueden eliminar componentes de gran utilidad. Este es el caso del espectro de los potenciales evocados los cuales se solapan con el espectro de la actividad cerebral (electroencefalograma) [41]. El promediado de señales es tradicionalmente la técnica usada para la extracción de la señal embebida en el ruido de fondo y encuentra especial uso en el procesamiento de señales biomédicas.

Los potenciales evocados pueden ser considerados señales que contienen cierta periodicidad (cuasi periódicas). Su periodicidad está asociada a la sincronización que poseen con el estímulo que las provoca. Este hecho permite que puedan ser promediadas en el dominio del tiempo. El promediado tiene lugar agregando información correspondiente de ciclos individuales de la señal periódica. Esta forma de desempeñar el promediado se denomina promediado *ensemble*. La señal observada pueda ser transformada en un *ensemble* de *M* potenciales, donde cada potencial $p_i(n)$ contiene *N* muestras [3].

$$p_i(n), \quad i=1,\cdots,M; \quad n=0,\cdots,N-1 \tag{1. 2}$$

La matriz *ensemble P* (ecuación 1.3) será entonces una matriz compuesta de *M* potenciales y *N* muestras, donde el potencial *i-ésimo* queda de la siguiente forma:

$$p_i=[p_i(0)\; p_i(1)\; p_i(2)\cdots p_i(N-1)] \tag{1. 3}$$

$$P=\begin{bmatrix} p_1 \\ p_2 \\ \vdots \\ p_M \end{bmatrix} \tag{1. 4}$$

La Figura 1.5 muestra la formación de una matriz *ensemble* de respuestas evocadas auditivas de tallo cerebral, las llíneas muestran la posición dónde se produjo el estímulo. La última señal resaltada en color negro muestra el resultado de haber promediado 2000 respuestas. La señal promediada fue amplificada para poder visualizar mejor la forma de onda resultante, como se ha dicho anteriormente la amplitud de la señal EEG se encuentra en el orden de los 10 – 100 uV, mientras la amplitud de un potencial evocado auditivo se encuentra en el rango de los 0,1 a 0,5 uV. Los registros usados para la confección de la imagen corresponden a Potenciales Evocados Auditivos registrados con el equipo AUDIX, del centro de Neurociencias de Cuba.

El uso del promediado *ensemble* como técnica de detección de respuestas relacionadas con eventos ha sido usado también para la detección de potenciales tardíos ventriculares [42], [43].

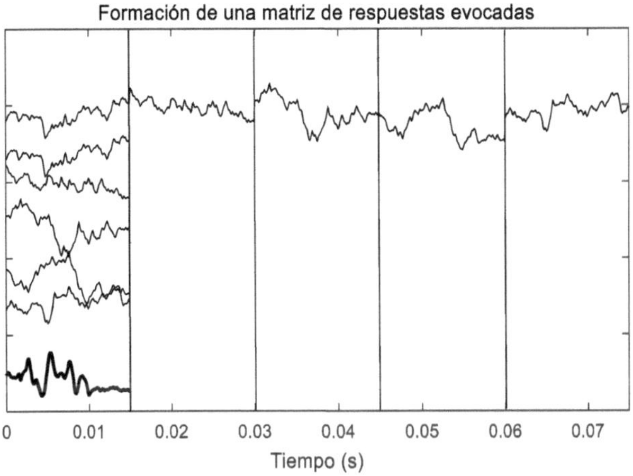

Figura 1.5: Formación de una matriz *ensemble* de respuestas evocadas auditivas [3].

Promediado Coherente de un ensemble homogéneo

El promediado coherente (PC) o media aritmética como también se conoce, puede ser calculado a partir de la matriz *ensemble* que se forme con las respuestas evocadas. Donde la respuesta p_i al estímulo *i-ésimo* es asumida como la suma de la componente determinística de la señal o respuesta evocada s más un ruido aleatorio r_i el cual es asincrónico con el estímulo (ver ecuación siguiente 1.5).

$$p_i = s + r_i \qquad (1.5)$$

donde la componente determinística s es:

$$s = [s(0)\ s(1) \cdots s(N-1)] \qquad (1.6)$$

y el ruido r_i es:

$$r_i = [\Gamma_i(0)\,\Gamma_i(1) \cdots \Gamma_i(N-1)] \tag{1. 7}$$

donde se supone que $\Gamma(n)$, el ruido en curso es estacionario, con media cero. Consecuentemente la varianza del ruido debe ser fija e igual en todos los potenciales. El promediado es un método sencillo y directo para estimar la componente determinística sy producir un estimado de esta, a la cual denominaremos $\hat{s}$. La señal estimada puede modelarse como la suma de la componente determinística más el ruido atenuado por un factor de $1/M$.

$$\hat{s} = s + \frac{1}{M}R \tag{1. 8}$$

donde R es la matriz de ruido compuesta por los r_i.

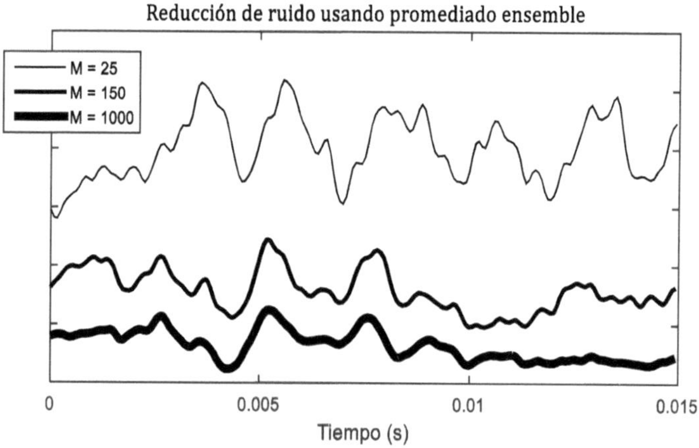

Figura 1.6: Reducción de ruido en PEA usando diferentes tamaños de la matriz *ensemble* [3].

$$\hat{s} = \frac{1}{M}\sum_{i=1}^{M} p_i(n) \tag{1. 9}$$

Como se puede apreciar en la Figura 1.6 el ruido disminuye a medida que se aumenta el tamaño de la matriz *ensemble*. Los datos correspondientes a las señales mostradas en esta figura son los mismos que los usados en la Figura 1.5. La ecuación 1.9 es la forma usada para el cálculo del promediado *ensemble*. Partiendo del hecho que el ruido está no correlacionado de potencial a potencial, es estacionario y posee media igual a cero, la varianza de la señal estimada es inversamente proporcional al número de potenciales promediados, tendiendo a cero cuando aumenta el número de potenciales M a promediar [3]. En este método se produce una reducción de ruido por un factor de $\sqrt{M}$. Estas asunciones sobre las características del ruido no se cumplen exactamente en la práctica.

Comenzando con la suposición de que el ruido posee media cero y es estacionario. Fácilmente se puede comprobar como en entornos reales no se cumple a cabalidad. Se puede determinar el ruido si restamos la señal estimada de cada uno de los registros. El hecho de que se asuma que el ruido no está correlacionado de potencial a potencial puede ser invalidado dado que la señal EEG puede poseer componentes grandes que cambian lentamente. No obstante, el uso adecuado de filtros puede remediar este problema sin distorsionar las amplitudes y las latencias de la onda del potencial evocado. Cualquier correlación entre potenciales que permanezca reducirá la efectividad del promediado *ensemble*. Una de las alternativas propuestas para reducir este problema es aumentar la tasa de estimulación, aunque esto provocaría un aumento en el tiempo de adquisición del potencial. Aunque la actividad del EEG puede verse como una actividad estacionaria durante un solo registro, sus propiedades estadísticas cambian durante el estudio en curso de varios registros. Una forma de explicar estos cambios es asumir que la varianza del ruido es dependiente de la respuesta. El promediado pesado es una técnica que aprovecha esta suposición, en epígrafes posteriores se tratará este tema.

Otro aspecto que es necesario analizar, es la suposición de que la señal s es fija de potencial a potencial. Esto no se cumple en ciertas aplicaciones. Por ejemplo, en el monitoreo intraoperatorio pueden ocurrir cambios repentinos de la morfología de la señal. Incluso en otras situaciones la forma de onda puede estar sujeta a cambios debido de la expectativa del sujeto, nivel de atención, concentración, o debido a la actividad del entorno donde se encuentra. A partir de esta situación en la bibliografía se reportan varios métodos basados en el análisis de la señal a partir de modelos o de técnicas de estimación adaptativas con el fin de analizar un solo registro.

En varias aplicaciones puede existir correlación de la señal s con el ruido $\Gamma_i(n)$, principalmente cuando el sujeto es consiente del experimento y por tanto espera el estímulo. Este hecho podría también afectar la forma de onda de la señal. Aunque una correlación entre la señal y el ruido implica que el ruido sea reducido de forma menos eficiente, el promediado puede ser aplicado.

Una vez que las suposiciones asociadas con el promediado *ensemble* son analizadas, puede ser de interés estimar la varianza en orden de evaluar la fiabilidad del promediado. Una forma sencilla de estimar la varianza sería usar el intervalo pre estímulo, el cual debería contener solo ruido. Pero este enfoque es pobre, dado que el intervalo pre estímulo es muy corto y falla completamente cuando la sincronización de los estímulos es tal que los componentes tardíos del PE se superponen a los componentes iniciales de la respuesta subsiguiente.

Otra forma de calcular la varianza es computar la varianza *ensemble* usando la siguiente expresión.

$$\hat{\sigma}_{\Gamma}^{2}(n)=\frac{1}{M}\sum_{i=1}^{M}\left(p_i(n)-\hat{s}_M(n)\right)^2 \quad (1.\,10)$$

A partir de esta ecuación es razonable estimar la varianza como el promedio de las muestras de $\hat{\sigma}_{\Gamma}^{2}(n)$ si $s(n)$ es fijo y el ruido es estacionario. La reducción de ruido caracterizada por la desviación estándar entre la raíz cuadrada de M para un número creciente de potenciales puede apreciarse en la Figura 1. 7. Las Figuras 1.5, 1.6 y 1.7 muestran los análisis realizados en [3], pero con datos obtenidos usando el equipo AUDIX del Centro de Neurociencias de Cuba.

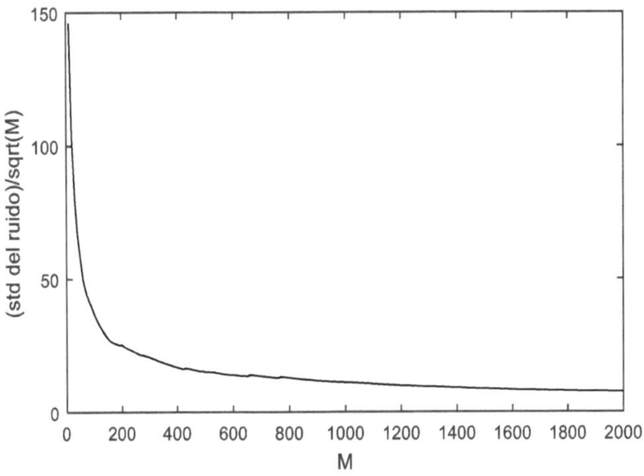

Figura 1. 7. Reducción del nivel de ruido usando promediado *ensemble* en función del nivel de potenciales usados en el promediado [3].

La varianza de conjunto no solo es utilizada para estimar la varianza, puede ser considerada para medir el grado de variabilidad de la forma de onda del potencial, producida por diferentes factores o mecanismos fisiológicos subyacentes.

Otro uso de la estimación de $\hat{\sigma}_\Gamma^2$ es evaluar ensayos divididos, siendo esta una técnica menos costosa desde el punto de vista computacional que la propuesta en la ecuación anterior. En este caso el *ensemble* es divido en dos partes de igual tamaño, agrupando los potenciales pares y los impares y hallando sus valores promedios. La diferencia entre estos subpromedios solo contendrá ruido, porque la señal es anulada completamente. En este caso la varianza del ruido puede ser estimada como:

$$\sigma_\Gamma^2 = \frac{M}{4}\frac{1}{N}\sum_{n=0}^{N-1}\left(\Delta\hat{s}(n)\right)^2 \qquad (1.\ 11)$$

donde $\Delta(\hat{s}(n))$ es la diferencia entre los subpromedios par y el impar.

Debe hacerse hincapié en que la estimación de varianza en (1.9) se calcula en el tiempo para muestras consecutivas, mientras que la estimación de varianza en (1.8) se calcula a través del conjunto (*ensemble*) para un instante fijo en el tiempo. El uso de los subpromedios ha encontrado aplicación también en la definición de medidas de desempeño que reflejan la calidad del promediado *ensemble*, por ejemplo, la medida definida por el coeficiente de correlación cruzada entre dos subpromedios, que permite evaluar de forma visual la reproducibilidad del potencial. Estas medidas serán tratadas en posteriores epígrafes.

En [44] se sugiere obtener una aproximación del ruido de fondo usando una aproximación de su distribución a partir de la colección de los valores de un único punto de cada uno de los registros individuales. Para esto se selecciona de forma arbitraria un único punto en cada registro realizado. En este caso la varianza del ruido estimada se calcula como la varianza en un único punto del *ensemble* entre la cantidad total de registros que conformen el *ensemble*.

$$\sigma_{\Gamma}^{2} = \frac{\sigma^{2}{}_{up}}{M} \tag{1. 12}$$

donde $\sigma^{2}{}_{up}$ es la varianza en un único punto del *ensemble*.

Promediado ensemble visto como un filtro lineal

El promediado *ensemble* puede ser interpretado como un filtro lineal e invariante en el tiempo y por supuesto caracterizado por su respuesta al impulso $h(n)$. El conjunto de PE puede ser visto como una señal periódica con respecto a la estimulación, donde la longitud del período será N.

$$\hat{s}(n) = \frac{1}{M}\sum_{i+0}^{M-1} p(n-iN) \tag{1. 13}$$

La señal $p(n)$ es la concatenación de todos los potenciales. A partir del hecho que una señal en tiempo discreto [3] puede ser expresada como una serie de funciones de impulsos unitarios $\delta(n)$.

$$p(n)=\sum_{l=-\infty}^{\infty}p(l)\delta(n-l) \qquad (1.\,14)$$

la ecuación 1.10 puede ser expresada como la convolución de $p(n)$ y $h(n)$.

$$\hat{s}(n)=\frac{1}{M}\sum_{i=0}^{M-1}\sum_{l=-\infty}^{\infty}x(l)\,\delta(n-l-iN)=\sum_{l=-\infty}^{\infty}x(l)h(n-l) \qquad (1.\,15)$$

donde la respuesta al impulso $h(n)$ está definida por la siguiente ecuación

$$h(n)=\frac{1}{M}\sum_{i=0}^{M-1}\delta(n-iN) \qquad (1.\,16)$$

El promediado ensemble es de este modo un filtro causal de M potenciales, usando un filtro FIR el cual todos los coeficientes sean idénticos e iguales a $1/M$. La respuesta de frecuencia del filtro está dada por la transformada de Fourier de $h(n)$.

Promediado Exponencial

Una desventaja del promediado *ensemble* es que la estimación resultante no puede seguir los cambios dinámicos que ocurren en la señal observada. En [3] se propone analizar como la señal estimada $\hat{s}_M$ puede ser encontrada de forma recursiva. Esto es posible si es actualizado el estimado existente a medida que llega un nuevo potencial p_M . La ecuación de actualización está dada por:

$$\hat{s}_M=\hat{s}_{M-1}+\frac{1}{M}(p_M-\hat{s}_{M-1}), \quad M\geq 1 \qquad (1.\,17)$$

La recursión es inicializada comenzando con $\hat{s}_0=0$, donde 0 es un vector de ceros. En la ecuación anterior el término 1/M es referido a α, este tipo de estimación es usualmente usada y se conoce como promedio exponencial. El factor de peso α puede ser tomado entre $0 < \alpha < 1$ de forma tal que asegure la estabilidad y encontrar un estimador $\hat{s}_M$ no sesgado asintótico. Valores pequeños de α implican que una menor cantidad de información es introducida en la señal que se estima y de este modo el resultado es que se obtiene un lento seguimiento de los cambios morfológicos de la señal. Por otro lado, valores de α cercanos a la unidad, resulta en un estimado del ruido, dado que solo el potencial más reciente es considerado.

Para evaluar el desempeño del promediado exponencial en [3] se propone el uso del sesgo y de la varianza de la señal estimada. El promediado exponencial propone resolver dos problemas, disminuir el nivel de ruido a partir de un bajo valor de α, y a la misma vez la posibilidad de seguir los cambios en la amplitud, lo que necesitaría un valor mayor de α.

Promediado de ensemble no homogéneos o Promediado ponderado

Dado que la actividad electroencefalografía debe ser vista como un proceso no estacionario, la premisa de que la varianza del ruido es fija en cada uno de los potenciales del *ensemble* puede ser cuestionada. A partir de aquí es más apropiado considerar al *ensemble* de potenciales como no homogéneo. Considerando la presencia de varios tipos de ruidos y artefactos de diferente naturaleza, como: la presencia de artefactos de corta duración, variaciones en el nivel de ruido de potencial a potencial y la distribución no gaussiana del ruido. Estos tipos de ruidos causan degradación en el desempeño del promediado, sirviendo como justificación al desarrollo de nuevos métodos que manejan de forma acertada estos problemas. Uno de estos métodos que ha sido propuesto en la literatura es el promediado pesado.

La señal puede ser obtenida a partir de la siguiente ecuación.

$$\hat{s}_w(n) = \sum_{i=1}^{M} w_i p_i(n) \tag{1. 18}$$

donde w_i es el peso para cada ciclo que conforma el ensemble y $\hat{s}_w$ es la señal promediada. Varios criterios han sido usados con el objetivo de determinar el vector de pesos que más se ajuste al problema. Uno de estos criterios (minimización del error cuadrático medio) está basado en función de la varianza del ruido de todos los ciclos. A un potencial con un alto nivel de ruido es asignado un peso menor que a uno con un menor nivel de ruido[3], [45]–[48]. Este es el método de promediado ponderado usado como referencia.

$$w_i = \frac{1}{\sigma_i^2}\left(\sum_{j=1}^{M}\frac{1}{\sigma_j^2}\right)^{-1} \quad i = 1, \cdots, M \tag{1. 19}$$

donde σ_i^2 es la varianza del ruido en el *i*-ésimo potencial. Si la varianza σ_i^2 del ruido fuera constante en todos los registros, el valor óptimo de w_i sería 1/M y se estaría en presencia del promediado tradicional.

Otros criterios, basados en la maximización de la relación señal a ruido (SNR) y la estimación de la máxima verosimilitud (ML) han sido propuestos también, dado que estos no necesitan asumir previamente ninguna distribución del ruido[1]. En [3], [46], [48] se proponen métodos para determinar los pesos, sin necesidad de estimar la varianza del ruido. Ambos asumen el proceso de promediado como un problema de minimización de una función criterio utilizando diferentes funciones de costos y comparando sus resultados.

En muchas ocasiones medidas simples como el rechazo de Potenciales ocasionales con amplitudes excesivamente grandes, que superen los límites del convertidor A/C pueden mejorar el desempeño del promediado. Pero, es necesario tomar cuidado con este aspecto, porque si son rechazados demasiados potenciales, el ruido puede ser reducido de forma inadecuada. Pueden persistir aun grandes variaciones de potencial a potencial aunque se realice el rechazo de artefactos. A pesar de estas consideraciones, aun cuando se aplica el promediado ponderado, como también se le conoce, aún se asume que el ruido dentro de cada potencial posee varianza fija. Sin embargo, muchos tipos de ruido (artefactos y ondas en curso del EEG) pueden variar dentro de la mima época, poseyendo una alta amplitud en instantes de tiempo y en algunos otros casos muy bajos niveles de amplitud. A partir de esto, en muchas ocasiones los pesos pueden ser subestimados para la parte de la época que se produce un fuerte ruido y sobrestimado en el caso donde el ruido es muy bajo [41], [47]–[49].

Promediado con rechazo de outliers

El promediado ensemble, el promediado exponencial y el promediado pesado representan técnicas lineales, y consecuentemente se desempeñan muy bien cuando el ruido es de tipo gaussiano. Sin embargo, en el caso que ocasionalmente aparezcan artefactos fueras de rango (outliers), con grandes valores de amplitud, estas técnicas son limitadas. A pesar, que el promediado pesado mitiga este tipo de problema en cierta medida, dado que el modelo asume que el peso es inversamente proporcional a la varianza del ruido en el potencial, este no maneja el hecho de que aparezcan artefactos en el potencial. Una propuesta usada para manejar el ruido de tipo impulsivo, es asumir la posibilidad de modelar el ruido como una función de densidad probabilística (PDF) generalizada de Gauss, en el cual las colas cuentan con la presencia de las muestras fuera de rango. La PDF con media igual a cero puede ser caracterizada por el parámetro de forma (ν) y su desviación estándar σ_ν (Laguna, 2005). Como se puede ver en Figura 1. *8* las colas de la PDF incrementan cuando el parámetro de forma ν disminuye. Dependiendo del valor del parámetro de forma, se puede estar en presencia de diferentes tipos de distribuciones, ejemplo, cuando ν =2 la distribución es normal y uniforme para ν =-1. La PDF Laplaciana con ν = 1 es un tipo de función de densidad probabilística especial, el cual posee colas mucho más pesadas, en [3] se propone determinar el estimador óptimo de la señal basado en las observaciones disponibles del ruido, caracterizado por la PDF Laplaciana. El procedimiento propuesto en este caso es idéntico a determinar la mediana ensemble de la data, concluyendo que el estimador óptimo del potencial es la mediana cuando el ruido tiene una distribución de este tipo.

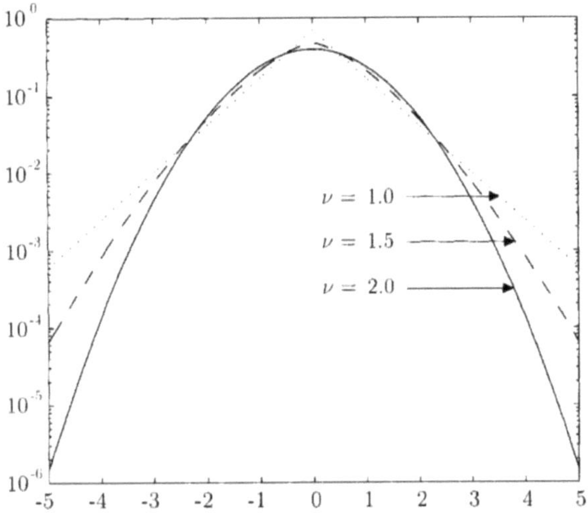

Figura 1. 8. La PDF gaussiana generalizada, con m=0 y var =1, con diferentes parámetros de forma [3].

El promediado ensemble y la mediana ensemble pueden ser vistos como casos especiales dentro de una familia amplia de estimadores existentes conocida como estimadores recortados (*trimmed means*), que serán explicados en los siguientes subepígrafes. A diferencia de la mediana, que elimina todas las muestras excepto el punto medio de las muestras ordenadas, esta familia de estimadores utiliza todas las muestras ordenadas excepto una cierta fracción de los valores de muestra más pequeños y más grandes que se recortan. El número de muestras a excluir está relacionado con el factor de recorte α, que está limitado al intervalo $0 \leq \alpha < 0{,}5$. La media recortada se calcula promediando las muestras restantes.

Media Recortada (*trimmed mean*)

El problema de la sensibilidad de un estimador a la presencia de valores atípicos (outliers), es decir, "los puntos de datos que se desvían del patrón establecido por la mayoría del conjunto de datos" [50], ha llevado al desarrollo de medidas robustas de localización. La robustez de un estimador se mide por el valor de ruptura, que nos dice cuántos puntos de datos necesitan ser reemplazados por valores arbitrarios para hacer que el estimador tienda a infinito o a cero. Por ejemplo: la media aritmética tiene un 0% de ruptura mientras que la mediana es muy robusta con un valor de ruptura del 50% [50]. La principal desventaja que posee la mediana es que no solo son removidos los *outliers,* también el resto de la data, como consecuencia se pierde información valiosa [49]. No obstante, las ventajas de la media y de la mediana pueden ser vinculadas. Del vínculo de estás dos técnicas emergen los estimadores recortados, donde una parte de los valores extremos son descartados, luego de ordenar los datos. El factor de recorte α utilizado para eliminar las muestras indeseables puede ser fijo o puede ser determinado a partir del comportamiento de la cola de la PDF que se use para modelar el ruido. La siguiente ecuación muestra cómo quedaría el cálculo de la señal utilizando la media recortada.

$$\hat{s}_{rec}(n) = \frac{1}{M-2K} \sum_{i=K+1}^{M-K} p_i(n) \tag{1. 20}$$

Si comparamos la ecuación 1.17 con la ecuación 1.15, podemos establecer que en este caso el vector de pesos puede ser determinado como:

$$w_i = \begin{cases} \dfrac{1}{M-2K}, & K+1 \leq i \leq M-K \\ \\ 0, & \textit{en otro caso} \end{cases} \tag{1. 21}$$

Donde $K=\alpha M$ es el número de observaciones que son eliminadas de cada extremo de la data. La media recortada aplica pesos igual a cero en las observaciones que se encuentran en los extremos de la data previamente ordenada, e igual valor de los pesos para el resto de las observaciones. La figura 1.5 muestra cómo queda la distribución de los pesos, para una data con M= 64 y K =3.

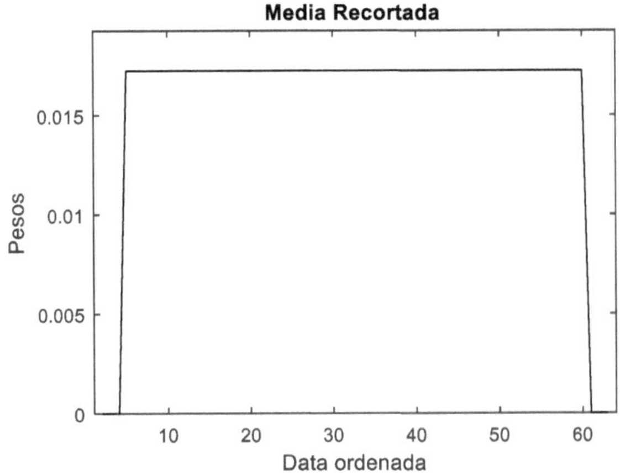

Figura 1.9. Pesos para la media recortada [49].

Media Winsorizada

En el caso de la media recortada, las colas de la distribución de la data son simplemente ignoradas. Como consecuencia puede ocurrir pérdida de información y esto debe ser evitado cuando el tamaño de la muestra es pequeño. La media Winsorizada es similar a la media recortada con la excepción que remplaza cada observación en cada fracción α ($K = \alpha M$) de la cola de la distribución por el valor de la observación más cercana no afectada. Los pesos son determinados de la forma que se plantea en la ecuación 1.19. Los pesos pueden ser vistos en la Figura 1. 10.

$$w_i = \begin{cases} 0, & i \le K \;\; ó \;\; i \ge M - (K-1) \\ \dfrac{K+1}{M}, & i = K+1 \;\; ó \;\; i = M - K \\ \dfrac{1}{M}, & K+2 \le i \le M - (K+1) \end{cases} \tag{1. 22}$$

Usualmente los valores en el rango $0 \le K \le 0{,}25M$ son considerados, dependiendo del peso de las colas de la distribución. Una observación interesante es que la mediana puede ser vista como un caso extremo de la media recortada o de la media winsorizada cuando solo una o dos puntos centrales de la data son retenidos.

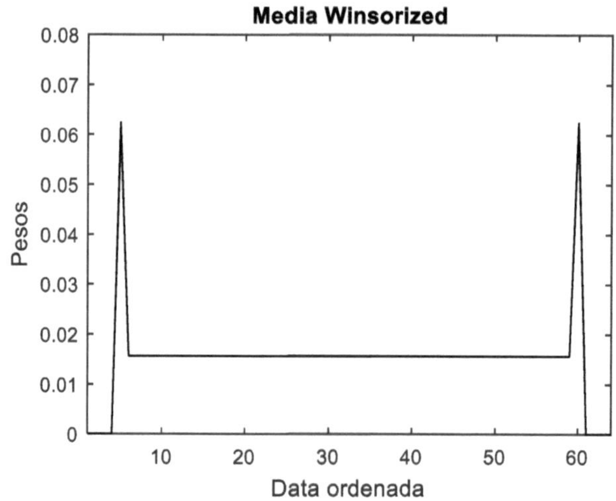

Figura 1. 10. Pesos para la media Winsorized [49].

Media L-Recortada

En Elamir and Seheult (2003) se propuso el L momento recortado como una generalización del momento L (Hosking, 1990). La media L recortada puede ser estimada a partir de una combinación lineal de orden estadístico. Usando la ecuación 1.15 la función de pesos puede ser calculada de la siguiente forma.

$$w_i = \begin{cases} \dfrac{\binom{i-1}{K}\binom{M-i}{K}}{\binom{M}{2K+1}}, & K+1 \leq i \leq M-K \\ 0, & en\ otro\ caso \end{cases} \tag{1. 23}$$

donde $\binom{i}{K} = \frac{i!}{K!(i-K)!}$. La ecuación anterior revela la conexión existente entre la media L recortada y la media recortada. En el cálculo de ambas estadísticas, las observaciones de los extremos son ignoradas. La principal diferencia se encuentra en que la media recortada aplica iguales peso a las observaciones restantes y la Media L recortada usa pesos de mayor valor para las observaciones que se encuentran más cercanas a la mediana (ver Figura 1. 11). La varianza de varios estimadores fue comparado en [40] para diferentes tipos de observaciones provenientes de diferentes distribuciones (normal, exponencial, etc...) con *outliers*. Las conclusiones de las simulaciones aportaron como resultado que esta técnica se comporta razonablemente bien tanto para distribuciones normales como para distribuciones con colas pesadas.

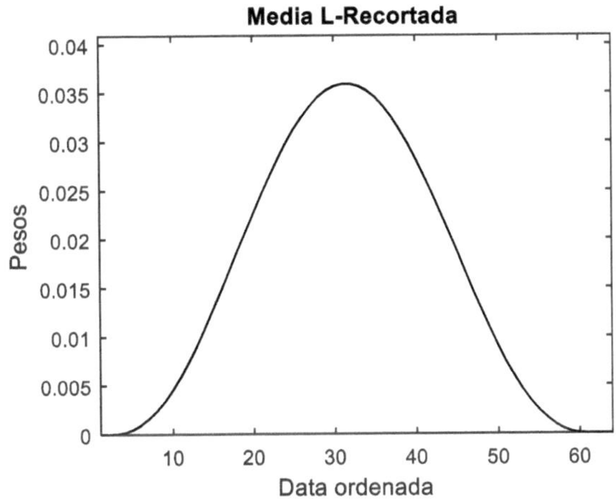

Figura 1. 11. Pesos para la media L-Recortada [49].

Media Tanh (2005)

En [1] se propone un nuevo estimador para aliviar el problema del realce del ruido que ocurre con el uso de la Mediana y de la Media Recortada. Se plantea el cálculo de los pesos usando la función tangente hiperbólica según la siguiente ecuación.

$$w_i = \begin{cases} \tanh(k * i) - s, & i < \dfrac{M}{2} \\ -\tanh(k * i - M) + s, & i \geq \dfrac{M}{2} \end{cases} \tag{1. 24}$$

En este caso k es el factor que controla la pendiente de los pesos en los valores extremos y s controla el cambio vertical. La forma de la función de peso depende de estos valores. Los valores k y s son optimizados a partir de maximizar el valor de la relación señal a ruido (SNR). La optimización se realiza utilizando el método de optimización Nelder-Mead (Simplex) [1, 54].

La ecuación 1.22 no es exactamente la propuesta en [49] para este método. La ecuación propuesta en [49] no es reproducible tal y como se encuentra, por lo que basándose en las gráficas propuestas por el autor y en la explicación del método esta fue ajustada y quedó de la forma que se muestra aquí.

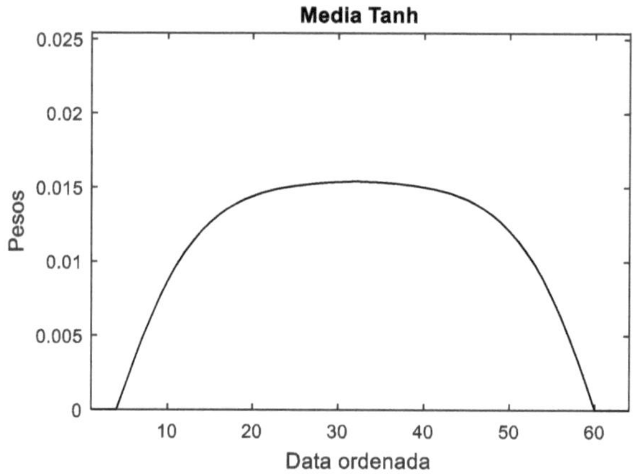

Figura 1. 12. Pesos para la media tangente hiperbólica [49].

Media Recortada Modificada

En presencia de desalineamientos, la técnica de promediado ensemble basado en la media aritmética, envuelve un efecto de filtrado paso bajo que puede ser visto en la Figura 1.13, como una reducción en la amplitud de la señal estimada y un suavizado de otras ondas de menor amplitud que pueden resultar, incluso, hasta imperceptibles. La causa principal de estos desalineamientos son mecanismos biológicos, los cuales son prácticamente imposibles de evitar [34].

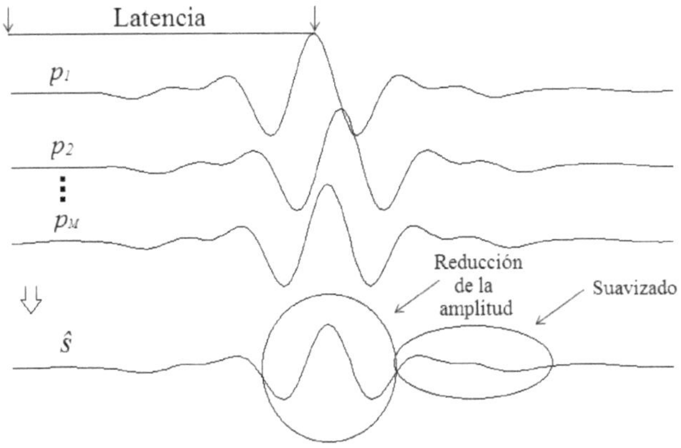

Figura 1.13. Efecto de los desalineamientos de la señal en el promediado *ensemble* [34].

En [51], se introduce una importante modificación, que consiste en la formación de una nueva matriz m compuesta por un segmento de la matriz *ensemble* original P y versiones desplazadas de esta. La formación de esta nueva matriz se basa en el hecho que cada respuesta debe ser la misma y poseer la misma latencia, no obstante como se ha dicho en este mismo epígrafe las respuestas pueden encontrarse desalineadas. La nueva matriz m es promediada usando una extensión de la media recortada, donde aquellos elementos de cada columna que se diferencien significativamente de la mediana del segmento de la matriz P original serán recortados. La señal resultante a partir de este método será calculada usando la siguiente ecuación.

$$\hat{s}_{MRM} = \frac{\sum_{k=1}^{(2d+1)M} w_{k,n} m_{k,n}}{\sum_{k=1}^{(2d+1)M} w_{k,n}}, \qquad (1.\,25)$$

donde $w_{k,n}$ es elemento de la k-ésima fila de la n-ésima columna de la matriz de pesos con igual tamaño que m y d es el número de muestras desplazadas tomadas en cuenta. Los elementos de la matriz de peso w pueden ser 0 ó 1.La siguiente ecuación muestra el cálculo de los pesos en este caso.

$$w_{k,n} = \begin{cases} 1 & si \quad |m_{k,n} - med(p_n)| \leq q \\ 0 & en\,otro\,caso \end{cases} \qquad (1.26)$$

En este caso $med\ (p_n)$, es la mediana del segmento de la matriz original P y q es el factor de recortamiento. La Tabla 1. *2* muestra un ejemplo sencillo de cómo se desempeña el método de media recortada modificada. En la tabla, $s_{k,n}$ es la señal original, es evidente la presencia de desalineamientos de la señal, en este caso se puede apreciar como la época 2 está adelantada una muestra y la época 4 retardada una muestra también. La segunda matriz, $n_{k,n}$, corresponde al ruido. En la matriz n de ruido es importante destacar la presencia de un *outliers* (10) en la primera fila, la segunda muestra, según los efectos del promediado. La tercera matriz $p_{k,n}$ es la combinación de la señal s más el ruido n. En el caso de la cuarta matriz, la matriz m es formada por la matriz p (desde la fila 1 a la fila 5) y sus versiones desplazadas (de la fila 6 a la fila 10 están adelantadas, y de la fila 11 a la 15 retardadas), las versiones son desplazadas solo una muestra (d = 1). La matriz de pesos w es obtenida usando la ecuación 1.23 de forma tal que después de calcular la mediana de la matriz original de p_n, todas aquellas muestras que difieran de la mediana en más de un parámetro q son iguales a cero. Para la obtención del parámetro q se utilizó la desviación del ruido.

La Figura 1. *14* muestra las señales de entrada del método de promediado. La primera columna contiene la señal original, evidenciando los desalineamientos. La segunda columna contiene el ruido, es apreciable el *outlier*. La tercera columna de la imagen contiene el ruido más la señal. La Figura 1. *15* contiene la comparación visual de cómo se comporta el método. La primera señal en línea continua es la señal original, la cual debe ser estimada, la segunda señal (+) es la obtenida utilizando la media recortada modificada (MRM) y la tercera (*) es la obtenida usando el promediado coherente (PC). En esta figura es evidente como la presencia de outliers y los desalineamientos tienen efectos directos en la señal que se estima, provocando una distorsión de la señal resultante.

El ejemplo mostrado fue desarrollado con d =1 y $q = 3^*\sigma_\Gamma$, donde σ_Γ es la desviación estándar del ruido promedio de fondo, estimado a partir del segmento isoeléctrico de la señal electrocardiográfica según lo plantea en [34], [43], [51]. En este punto es interesante acotar que para el caso de los potenciales evocados, no es posible determinar la existencia de un segmento isoeléctrico que permita determinar la desviación estándar del ruido, no obstante como se ha mencionado anteriormente, según el modelo de ruido que se asume es posible estimar la varianza del ruido de fondo en el análisis de potenciales evocados. Por lo que este método pudiese ser aprovechado. Otra cuestión interesante sería el análisis de la selección del valor *d* asociado a los desplazamientos a realizar.

Tabla 1. 2. Ejemplo de funcionamiento de la media recortada modificada

señal	*k,n*	**1**	**2**	**3**	**4**	**5**	**6**	**7**	**8**	**9**
$s_{k,n}$	**1**	0	0	0	-0.8482	1.15	-0.8482	0	0	0
	2	0	0	-0.8482	1.15	-0.8482	0	0	0	0
	3	0	0	0	-0.8482	1.15	-0.8482	0	0	0
	4	0	0	0	0	-0.8482	1.15	-0.8482	0	0
	5	0	0	0	-0.8482	1.15	-0.8482	0	0	0
$n_{k,n}$	**1**	0.1534	10.0000	-0.1035	-0.1670	-0.1034	-0.1213	-0.0938	-0.2407	-0.1432
	2	-0.0759	0.1475	0.0956	-0.2972	-0.2694	-0.1779	-0.0935	-0.2248	-0.1398
	3	-0.0276	-0.1680	-0.0692	0.0305	0.0824	-0.2377	0.0876	0.0505	0.0579
	4	0.1784	0.0216	0.0193	0.1014	-0.0123	-0.0557	-0.0153	-0.4067	0.0458
	5	-0.2692	0.3835	-0.0727	-0.1116	0.0335	0.1607	0.0984	-0.0909	-0.0743
$p_{k,n}$	1	0.1534	10.0000	-0.1035	-1.0152	1.0466	-0.9695	-0.0938	-0.2407	-0.1432
	2	-0.0759	0.1475	-0.7526	0.8528	-1.1176	-0.1779	-0.0935	-0.2248	-0.1398
	3	-0.0276	-0.1680	-0.0692	-0.8177	1.2324	-1.0859	0.0876	0.0505	0.0579
	4	0.1784	0.0216	0.0193	0.1014	-0.8605	1.0943	-0.8635	-0.4067	0.0458
	5	-0.2692	0.3835	-0.0727	-0.9598	1.1835	-0.6875	0.0984	-0.0909	-0.0743
mk,n	1	0.1534	10.0000	-0.1035	-1.0152	1.0466	-0.9695	-0.0938	-0.2407	-0.1432
	2	-0.0759	0.1475	-0.7526	0.8528	-1.1176	-0.1779	-0.0935	-0.2248	-0.1398
	3	-0.0276	-0.1680	-0.0692	-0.8177	1.2324	-1.0859	0.0876	0.0505	0.0579
	4	0.1784	0.0216	0.0193	0.1014	-0.8605	1.0943	-0.8635	-0.4067	0.0458
	5	-0.2692	0.3835	-0.0727	-0.9598	1.1835	-0.6875	0.0984	-0.0909	-0.0743
	6	10.0000	-0.1035	-1.0152	1.0466	-0.9695	-0.0938	-0.2407	-0.1432	-0.1432
	7	0.1475	-0.7526	0.8528	-1.1176	-0.1779	-0.0935	-0.2248	-0.1398	-0.1398
	8	-0.1680	-0.0692	-0.8177	1.2324	-1.0859	0.0876	0.0505	0.0579	0.0579
	9	0.0216	0.0193	0.1014	-0.8605	1.0943	-0.8635	-0.4067	0.0458	0.0458
	10	0.3835	-0.0727	-0.9598	1.1835	-0.6875	0.0984	-0.0909	-0.0743	-0.0743
	11	0.1534	0.1534	10.0000	-0.1035	-1.0152	1.0466	-0.9695	-0.0938	-0.2407
	12	-0.0759	-0.0759	0.1475	-0.7526	0.8528	-1.1176	-0.1779	-0.0935	-0.2248
	13	-0.0276	-0.0276	-0.1680	-0.0692	-0.8177	1.2324	-1.0859	0.0876	0.0505
	14	0.1784	0.1784	0.0216	0.0193	0.1014	-0.8605	1.0943	-0.8635	-0.4067
	15	-0.2692	-0.2692	0.3835	-0.0727	-0.9598	1.1835	-0.6875	0.0984	-0.0909
$med(p_n)$	1	-0.0276	0.1475	-0.0727	-0.8177	1.0466	-0.6875	-0.0935	-0.2248	-0.0743
$w_{k,n}$	1	0	0	1	0	1	0	1	1	1
	2	1	1	0	0	0	0	1	1	1
	3	1	0	1	1	0	0	0	0	1
	4	0	1	1	0	0	0	0	0	1
	5	0	0	1	1	1	1	0	1	1
	6	0	0	0	0	0	0	1	1	1
	7	0	0	0	0	0	0	1	1	1
	8	1	0	0	0	0	0	1	0	1
	9	1	1	0	1	1	0	0	0	1
	10	0	0	0	0	0	0	1	1	1
	11	0	1	0	0	0	0	0	1	0
	12	1	0	0	1	0	0	1	1	1
	13	1	0	1	0	0	0	0	0	1
	14	0	1	1	0	0	0	0	0	0

	15	0	0	0	0	0	0	0	0	1
s_{MRM}	1	-0.0589	0.1041	-0.0621	-0.8477	1.1081	-0.6875	-0.1244	-0.1376	-0.0594
$\hat{s}$	1	-0.0082	2.0769	-0.1957	-0.3677	0.2969	-0.3653	-0.1729	-0.1825	-0.0507

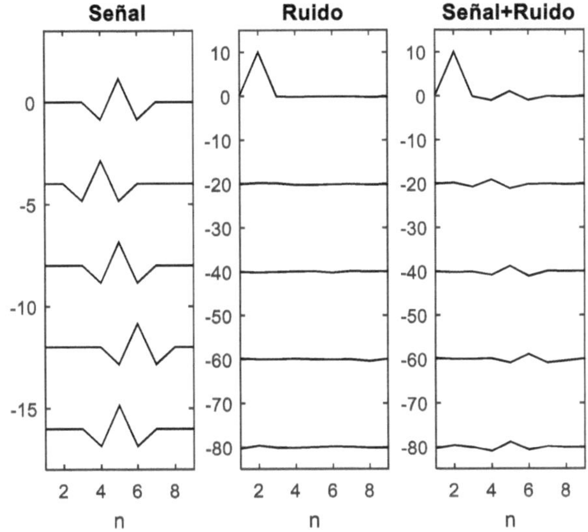

Figura 1. 14. Ejemplo visual de la tabla 1.1[34].

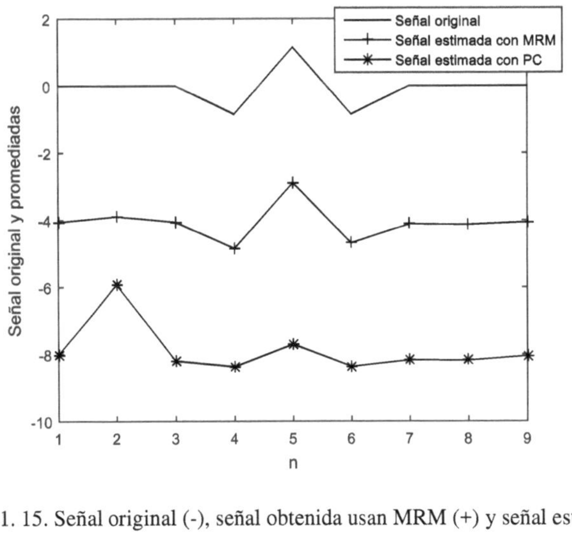

Figura 1. 15. Señal original (-), señal obtenida usan MRM (+) y señal estimada usando promediado clásico (*) [34].

Métodos de Promediado Pesado Robusto

En [46], se describe un método de promediado robusto pesado aplicado a las respuestas auditivas de tronco cerebral. En este artículo el proceso de promediado es formulado como un problema de minimización de cierta función criterio. El estimador de máxima verosimilitud (*maximum likelihood*) de posición basado en la distribución generalizada de Cauchy es usado como medida de disimilitud. El método propuesto es evaluado experimentalmente y comparado con otros métodos de referencia en presencia de ruido artificial y con señales reales. Las señales reales usadas, poseen una relación señal a ruido inicial entre -30 y -20 dB. Es importante señalar que en la mayor parte de la bibliografía consultada [41]–[43], [47], [48], los métodos de promediado pesado robusto no son probados ante situaciones tan críticas de valores de SNR iniciales (-25 dB o -30 dB) como es el caso particular de las pruebas realizadas en este [46].

Las variables sugeridas por Pander en este apartado son ligeramente modificadas con el fin de mantener una coherencia en la notación que se ha usado hasta este momento. En Pander [46] la matriz ensemble es modelada como un $x_i = [x_{i1}, x_{i2}, \cdots, x_{iN}]^T$, donde el *i*-ésimo registro consiste de N muestras y $1 \le i \le N$. Entonces $y = [y_1, y_2, \cdots, y_N]^T$ es la señal promedio y $w = [w_1, w_2, \cdots, w_M]^T$ es el vector de pesos que satisface las condiciones siguientes:

$$\forall \ 1 \le i \le M, \quad w_i \in [0,1], \quad \sum_{i=1}^{M} w_i = 1 \tag{1. 27}$$

El método de promediado pesado basado en la función criterio de minimización (WACFM, de sus siglas en inglés, *weighted averaging method based scalar function*) usa la siguiente función escalar de minimización.

$$I_m(w, \hat{s}) = \sum_{i=1}^{M} \sum_{j=1}^{N} (w_i)^m \rho(z_{ij}) \tag{1. 28}$$

Donde $z_{ij} = p_{ij} - \hat{s}_j$ y $m \in (1, \infty)$ es el exponente pesado asumido. El valor de $\rho(.)$ es una medida de disimilitud para el vector argumento, este juega un rol similar que la función de costo en el estimador-M robusto propuesto en. La ecuación anterior puede ser reescrita de la siguiente forma

$$I_m(w,\hat{s})=\sum_{i=1}^{M}(w_i)^m\left(\sum_{j=1}^{N}\rho(z_{ij})\right) \tag{1. 29}$$

En este caso $\sum_{j=1}^{N}\rho(z_{ij})=\rho(z_i)$ y entonces se puede escribir $z_i=p_i-\hat{s}$. La tarea es buscar el vector óptimo de pesos $w*$ que permita estimar la señal promedio óptima $\hat{s}^*$, la cual puede ser formulada de la siguiente manera:

$$I_m(w^*,\hat{s}^*)=\min_{w,\hat{s}} I_m(w,\hat{s}) \tag{1. 30}$$

Según [41] y [46], el problema de minimización es considerado como un problema de optimización restringido y el método de los multiplicadores de Lagrange es aplicado para encontrar el vector de pesos óptimo, el cual queda de la siguiente forma

$$w_i=\frac{\rho(z_i)^{1/(1-m)}}{\sum_{j=1}^{M}\left[\rho(z_j)\right]^{1/(1-m)}},\quad 1\leq i\leq M \tag{1. 31}$$

La robustez del promediado pesado depende estrictamente de la función de costo $\rho(z)$, la cual debe ser una función definida simétrica y positiva. En [46], se usa una función de costo basada en la distribución generalizada de Cauchy, la familia de distribuciones generalizadas de Cauchy, tienen la característica que son funciones de densidad probabilísticas muy parecidas y además poseen colas algebraicas las cuales son adecuadas para modelar procesos impulsivos presentes en señales del mundo real. Otras investigaciones más recientes de este mismo autor usan como función de costos la función *myriad* y *meridian* con el mismo objetivo.

Detección automática de PE

Los métodos para la detección objetiva de los ABR pueden ser caracterizados como métodos basados en plantillas y métodos basados en no plantillas, como fue revisado por [46] y referenciado en [52]. Los métodos basados en plantillas comparan las respuestas grabadas a una o más respuestas patrones predeterminadas, en el dominio del tiempo o en el de la frecuencia. La ventaja es que la sensibilidad de la detección puede ser realzada si se conoce a priori la forma de onda esperada y el *spectrum* del ruido. Los métodos basados en no plantillas asumen que no hay un conocimiento a priori sobre la forma de onda de la señal. Promediar varias respuestas es una rutina clínica para facilitar la detección de la señal simplemente por inspección visual. La detección automática de la señal confía en la estimación de la relación señal a ruido. Varios métodos han sido propuestos con el fin de estimar el SNR y decidir automáticamente cuando se está en presencia o no de la respuesta evocada. Por ejemplo, la potencia del ruido puede ser estimada como la diferencia entre el promedio par y el impar [52], tal y como se ha definido el cálculo de la varianza en las secciones anteriores. En la literatura se encuentran otros métodos para la evaluación automática de la señal ABR. Se pueden mencionar el test de Raleigh, el test de Watson U2, el test de Kuiper, el test de Ajne, el test Cochran Q y el test de Friedman, reconocimiento de patrones automático asistido por computadora basados en funciones de intensidad y latencia, sistema de adquisición de datos basados en ventanas para la evaluación de la escucha humana a partir de respuestas evocadas de estado estable, métodos de cruces por cero, realce adaptativo de señales, por citar algunos [53], a pesar del gran número de técnicas de evaluación automática solo unas pocas han sido implementadas comercialmente. Las estrategias de análisis automáticas de ABR más usadas reportadas son el coeficiente de correlación y la distribución F basada en la estimación de la relación señal a ruido usando el único punto de las respuestas (Fsp). En las secciones siguientes se describirán algunos de los métodos más usados.

Coeficiente de correlación (CCR)

El procedimiento del coeficiente de correlación confía en la reproducibilidad de dos señales ABR estimadas consecutivamente en similares condiciones. Según lo planteado en [52], para dos *ensembles* consecutivos de potenciales descritos de la siguiente forma,

$$s_1 = s + n_1 \tag{1. 32}$$

$$s_2 = s + n_2 \tag{1. 33}$$

donde s es la señal y las secuencias n_1 y n_2 son secuencias de ruido no correlacionadas. El coeficiente de correlación cruzada normalizada ρ puede ser calculado según la ecuación 1.27.

$$\rho = \frac{E\{s_1 s_2\}}{\sqrt{E\{s_1^2\}}\sqrt{E\{s_2^2\}}} = \frac{E\{s^2\}}{\sqrt{E\{s^2 + n_1^2\}}\sqrt{E\{s^2 + n_2^2\}}} = \frac{\sigma^2}{\sigma^2 + \sigma_n^2} = \frac{1}{1 + \left(\frac{\sigma_n}{\sigma}\right)^2} \tag{1.34}$$

Donde $E\{\}$ es el valor esperado, el cual es estimado en el cálculo actual como el tiempo promedio, se asume que la secuencia de ruido tiene amplitud media cuadrática igual a σ_n^2 y la amplitud media cuadrática de la respuesta verdadera es σ^2. Asumiendo que la señal es contaminada con ruido aleatorio, la relación teórica entre el coeficiente de correlación cruzada ρ y el valor del SNR es $SNR = \rho/(1-\rho)$. Por ejemplo, un valor de ρ =0,70 corresponde a un SNR de 3,7 dB según se plantea en [52]. El coeficiente de correlación ha sido ampliamente usado en la evaluación de la calidad de los potenciales detectados, dan fe de esta afirmación un sin número de referencias encontradas. En [54] se propone un sistema portable y de bajo costo para el registro e identificación de ABR usando para la identificación automática de las respuestas esta medida. Con el objetivo de estimar la razón de pérdida auditiva detectada a partir del primer estado de emisiones otacústicas pero no por el uso de ABR en [55] se usa también el coeficiente de correlación para evaluar los resultados. En [56] se menciona esta medida como una de las más usadas en la evaluación de las respuestas. Para la determinación automática de las ondas que componen la señal ABR en [57] se hace uso también del coeficiente de correlación.

Cociente de desviación estándar (SDR)

El cociente de desviación estándar (SDR, de sus siglas en inglés, *standard desviation rate*) es un índice de relación señal a ruido que también es usado en la evaluación de las respuestas. Permite la asistencia clínica para concluir cuando o no la respuesta es presente (Picton, 1983). Esta medida permite el análisis en línea de la presencia o no de la onda. A pesar de que en [36] se menciona que esta medida es usada en muy pocas dispositivos clínicos, en Cuba esta medida es usada en el desarrollo de los dispositivos que usa el sistema de salud para el cribado auditivo neonatal [58]. Valores típicos de SDR mayores que uno sugieren la presencia de respuesta, es preferiblemente valores ≥ 2 [36]. El valor de SDR puede ser calculado como la razón entre la desviación estándar de la señal estimada entre la desviación estándar del nivel de ruido residual (RNL, de sus siglas en inglés, *residual noise level*).

$$SDR = \frac{\sigma(\hat{s})}{\sigma(\theta)} \tag{1.35}$$

donde $\sigma(\theta)$ es la desviación estándar del RNL. El RNL según [36][58] puede ser estimado como la desviación estándar de la diferencia entre el subpromedio par y el subpromedio impar con signo contrario. Usando las ecuaciones 1.25 y 1.26 se puede plantear que:

$$RNL = \sigma(s_1 - s_2) \tag{1.36}$$

Actualmente según los protocolos para ABR (*British Columbia Early Hearing Program (BCEHP). 2008. Diagnostic Audiology Protocol*) [59] se recomienda que el RNL sea igual o menor de 0.08 μV antes de poder concluir la no existencia de respuesta.

Fsp

Una de las técnicas sugeridas para el análisis de la forma de onda de la respuesta evocada auditiva de corta latencia en recién nacidos es la varianza de un único punto (*Fsp*, de sus siglas en inglés, *Fisher single point*) [60][53][61][62]. El *Fsp* provee una estimación del SNR evaluado de la distribución de la amplitudes de un único punto de las respuestas de diferentes barridos [44][63]. La ecuación 1.28 muestra el cálculo de *Fsp*.

$$Fsp = M\sigma^2(\hat{s}) / \sigma^2 up \tag{1.37}$$

donde $\sigma^2(\hat{s})$, es la varianza de la señal estimada, $\sigma^2 up$ es la varianza del ruido de fondo promedio estimado a partir de la varianza del único punto

$\sigma^2 up$ y *M* el número de registros a promediar. Para ventanas de análisis de 10 ms aproximadamente los valores típicos de *Fsp* se encuentran en el rango de 2,9 - 3,1, valores mayores de 3,1 son comúnmente usados para determinar la presencia de la señal[36][64].

Test de Friedman

Continuando con la nomenclatura usada anteriormente, las amplitudes correspondientes a cada muestra *n* de la matriz ensemble es *rankeada* y su valor reemplazado por su *rank* [63]. El test estadístico es el siguiente:

$$\hat{X}_R^2 = \left(\frac{12}{MN(N+1)} \sum_{i=1}^{N} R_i^2 \right) - 3M(N+1) \qquad (1.\,38)$$

Donde *N* es el número de muestras (número de columnas de la matriz), *M* es el número de filas de la matriz y R_i es la suma de los rank en la *i-ésima* muestra.

Q de Cochran

Cuando se aplica el test Q de Cochran, los valores de las amplitudes de la matriz de datos son remplazados por su signo [63]. El test estadístico es:

$$Q = \frac{(N-1)\left[N\sum_{i=1}^{N} T_i^2 - \left(\sum_{i=1}^{N} T_i \right)^2 \right]}{N\sum_{k=1}^{M} L_k - \sum_{k=1}^{M} L_k^2} \qquad (1.\,39)$$

Donde *N* es el número de muestras de la data, *M* es el tamaño de la data. L_k es la suma de los números de signo positivo en la *k-ésima* fila de la matriz de datos y T_i es la suma de los números con signo positivo en la *i-ésima* columna de la matriz de datos.

q-sample uniform

El más poderoso test en el dominio de la frecuencia según [24] es *q-sample uniform.* Este test usa solo los ángulos de fases φ_{ik} en la forma de sus ranks r_{ik} mientras que la amplitud de información espectral es rechazada. En [65] se introduce una modificación donde además es considerada la amplitud espectral. El test modificado es mostrado en la ecuación siguiente:

$$W^* = \frac{2^2}{N^2(N+1)^2}\frac{120}{M}\sum_{i=1}^{N}\left(C_i^{*2}+S_i^{*2}\right) \qquad (1.40)$$

con

$$C_i^* = \sum_{k=1}^{M} a_{ik}\cos\beta_{ik} \quad S_i^* = \sum_{k=1}^{M} a_{ik}sen\beta_{ik} \qquad (1.41)$$

y

$$\beta_{ik} = \frac{2\pi r_{ik}}{n} \qquad (1.42)$$

Donde r_{ik} son los *ranks* de *n* ángulos de fases (*n*=*MxN*), a_{ik} son los *ranks* de las *n* amplitudes espectrales A_{ik}.

Aplicaciones de los test estadísticos

Para aplicaciones de cribado el procedimiento de un test secuencial es mayormente usado. Después de obtener los primeros 10 o 5 subpromedios, el test estadístico es calculado por primera vez. Si una respuesta es detectada no se necesitan subpromedios adicionales, el registro de los datos puede ser detenido y pasar al estudio del próximo nivel de estimulación.

Si pasados los primeros 10 o 5 subpromedios no hay respuestas, los próximos 10 o 5 subpromedios serán incluidos y el test será aplicado nuevamente. El tamaño de la muestra es ampliado y el test será aplicado hasta tanto se detecte respuesta. Un bajo nivel de significancia es necesario para disminuir el número de falsos positivos [63].

Conclusiones

Los Potenciales Relacionados con Eventos y en particular los Potenciales Evocados son señales que cuentan entre sus características con una muy baja relación señal a ruido. El promediado coherente o media aritmética es la técnica generalmente usada para realzar la señal de interés y efectuar su detección. Esta técnica presenta algunas limitaciones que justifican la búsqueda de diferentes alternativas. Los estimadores robustos de posición gradualmente ganan popularidad en varias aplicaciones estadísticas y entre estas también han sido usados para el realce de los potenciales, proveyendo una de estas posibles alternativas al promediado convencional. Otra técnica propuesta en la literatura es el promediado ponderado, pero como se ha dicho anteriormente este depende del modelo de la señal que se asuma, el cual generalmente es poco realista. Es evidente que cuando los artefactos son pocos, o la data tiene una distribución muy cercana a la normal, no es necesario usar otro método diferente a la media, pero en muchos casos existen desviaciones fuertes de la gaussianidad, más aun cuando se usa un número pequeño de épocas a promediar. Los efectos de los desalineamientos presentes en las respuestas, traducidos como una reducción de la amplitud en la señal obtenida usando el promediado, es otra cuestión a tomar en cuenta. Además, en la mayoría de los casos es necesario usar desde cientos hasta miles de respuestas a promediar para encontrar la señal de interés, extendiendo el tiempo requerido para realizar el estudio. La utilización de medidas que permitan la evaluación objetiva de las respuestas y que además sirvan como criterio de parada para determinar cuándo detener el promediado pueden ser útiles para la detección automática de las respuestas, además para establecer una comparación entre diferentes métodos de promediado propuestos en la literatura. Un posible camino a seguir en la continuación de esta investigación sería la adaptación de la Media Recortada Modificada para la extracción de Potenciales Evocados, tratando de resolver tres problemas principales:

- la robustez antes la presencia de outliers,
- mejorar la reducción de amplitud provocada por los desalineamientos de la señal,
- reducir el tiempo necesario para la obtención de la respuesta.
- Además de la selección de las medidas de evaluación objetiva que mejor se ajusten al método.

Bibliografía

[1] Society Neurophysiology *et al.*, “Guidelines on Evoked Potentials,” *Clin. Neurophysiol.*, pp. 1–13, 2006.

[2] Johannes Petrus Cornelius Maria de Weerd, “Estimation of Evoked Potentials ‘A study of a posteriori Wiener filtering and its Time varying generalization,’” 1981.

[3] L. Sornmo and P. Laguna, *Bioelectrical Signal Processing in Cardiac and Neural Applications*. 2005.

[4] R. Quian Quiroga, O. W. Sakowitz, E. Basar, and M. Sch??rmann, “Wavelet Transform in the analysis of the frequency composition of evoked potentials,” *Brain Res. Protoc.*, vol. 8, no. 1, pp. 16–24, 2001.

[5] A. Taboada-Crispi, M. Orozco-Monteagudo, C. A. Ferrer-Riesgo, A. Falcon-Ruiz, and D. Hernandez-Pacheco, “Simulation of Event-Related Potentials in a Wide Sense for Assessment of Detection/Estimation Algorithms,” *Int. Electron. Conf. Comput. Sci.*, vol. 1060, pp. 7–10, 2008.

[6] R. W. W. Homan, J. Herman, and P. Purdy, “Cerebral location of international 10-20 system electrode placement,” *Electroencephalogr. Clin. Neurophysiol.*, vol. 66, no. 4, pp. 376–382, 1987.

[7] J. J. Eggermont, “On the rate of maturation of sensory evoked potentials,” *Electroencephalogr. Clin. Neurophysiol.*, vol. 70, no. 4, pp. 293–305, 1988.

[8] A. Sharma, M. F. Dorman, and A. Kral, “The influence of a sensitive period on central auditory development in children with unilateral and bilateral cochlear implants,” *Hear. Res.*, vol. 203, no. 1–2, pp. 134–143, 2005.

[9] N. Kraus and T. Nicol, “Auditory evoked potentials,” *Encycl. Neurosci.*, 2008.

[10] T. W. Picton, D. R. Stapells, and K. B. Campbell, “Auditory evoked potentials from the human cochlea and brainstem,” *J. Otolaryngol. Suppl.*, vol. 9, no. 9, pp. 1–41, 1981.

[11] T. W. Picton, S. Hillyard, H. Krausz, and R. Galambos, “Human

auditory evoked potentials. I: Evaluation of components," *Electroencephalogr. Clin. Neurophysiol.*, vol. 36, pp. 179–190, 1974.

[12] J. Drummond, "Monitoring Depth of AnesthesiaWith Emphasis on the Application of the Bispectral Index and the Middle Latency Auditory Evoked Response to the Prevention," *J. Am. Soc. ...*, 2000.

[13] J. Tsurukiri, K. Nagata, K. Kumasaka, K. Ueno, and M. Ueno, "Middle latency auditory evoked potential index for prediction of post-resuscitation survival in elderly populations with out-of-hospital cardiac arrest," *Signa Vitae*, 2017.

[14] C. Liegeois-Chauvel, A. Musolino, and J. Badier, "Evoked potentials recorded from the auditory cortex in man: evaluation and topography of the middle latency components," *Electroencephalography*, 1994.

[15] D. Goodin, K. Squires, and A. Starr, "Long latency event-related components of the auditory evoked potential in dementia," *Brain*, 1978.

[16] A. C. Neurophysiology, "This topic was previously published as Guideline 9. 1 Copyright © 2006 American Clinical Neurophysiology," *Clin. Neurophysiol.*, pp. 1–19, 2006.

[17] ACNS, "Guidelines on Short-Latency Somatosensory Evoked Potentials," *Am. Clin. Neuophysiology Soc. Guidel.*, vol. 46, pp. 287–300, 2006.

[18] S. Kouni, C. Koutsojannis, and N. Ziavra, "A novel method of brainstem auditory evoked potentials using complex verbal stimuli," *Am. J. ...*, 2014.

[19] M. Chertoff, J. Lichtenhan, and M. Willis, "Click-and chirp-evoked human compound action potentials," *J. Acoust.*, 2010.

[20] M. Cebulla, E. Stürzebecher, C. Elberling, and J. Müller, "New clicklike stimuli for hearing testing.," *J. Am. Acad. Audiol.*, vol. 18, pp. 725–738, 2007.

[21] L. Slabu, C. Escera, S. Grimm, and J. Costa-Faidella, "Early change detection in humans as revealed by auditory brainstem and middle-latency evoked potentials," *Eur. J. Neurosci.*, vol. 32, no. 5, pp. 859–865, 2010.

[22] V. Easwar, D. Glista, D. Purcell, and S. Scollie, "Hearing aid processing changes tone burst onset: effect on cortical auditory evoked

potentials in individuals with normal audiometric thresholds," *Am. J. Audiol.*, 2012.

[23] D. Stapells and T. Picton, "Technical aspects of brainstem evoked potential audiometry using tones.," *Ear Hear.*, 1981.

[24] O. Lins, P. Picton, and T. Picton, "Auditory steady-state responses to tones amplitude-modulated at 80–110 Hz," *J.*, 1995.

[25] A. Torres–Fortuny, "Desarrollo de los potenciales auditivos de estado estable como método objetivo para evaluar la audición residual," 2004.

[26] A. T. Fortuny and María C. Pérez Abalo, "Desarrollo de los Potenciales Auditivos de Estado Estable como Método Objetivo para Evaluar la Audición Residual," 2011.

[27] G. R. I. Rodrigues, N. Ramos, and D. R. Lewis, "Comparing auditory brainstem responses (ABRs) to toneburst and narrow band CE-chirp® in young infants," *Int. J. Pediatr. Otorhinolaryngol.*, vol. 77, no. 9, pp. 1555–1560, 2013.

[28] C. Elberling, M. Don, M. Cebulla, and E. Stürzebecher, "Auditory steady-state responses to chirp stimuli based on cochlear traveling wave delay," *J. Acoust. Soc. Am.*, vol. 122, no. 5, p. 2772, 2007.

[29] J. Heckenlively and G. Arden, *Principles and practice of clinical electrophysiology of vision*. 2006.

[30] S. Tsuji, H. Lüders, D. Dinner, and R. Lesser, "Effect of stimulus intensity on subcortical and cortical somatosensory evoked potentials by posterior tibial nerve stimulation," */Evoked Potentials Sect.*, 1984.

[31] ACNS, "Guideline 9C: guidelines on short-latency auditory evoked potentials," *Am. Clin. Neuophysiology Soc. Guidel.*, vol. 46, no. 3, pp. 275–286, 2006.

[32] J. Bronzino, *Biomedical engineering handbook*. 1999.

[33] E. Candès and M. Wakin, "An introduction to compressive sampling," *IEEE Signal Process. Mag.*, 2008.

[34] A. Taboada Crispi, "Improving ventricular late potentials detection effectiveness," 2002.

[35] J. F. Isaza Saldarriagsa, S. Correa, and J. E. Congote, "IV Latin American Congress on Biomedical Engineering 2007, Bioengineering Solutions for Latin America Health," *IV Lat. Am. Congr. Biomed. Eng.*

2007, Bioeng. Solut. Lat. Am. Heal., vol. 18, no. July, pp. 766–769, 2008.

[36] D. R. Stapells, “Frequency-specific threshold assessment in young infants using the transient ABR and the brainstem ASSR.,” *Compr. Handb. Pediatr. Audiol.*, pp. 409–448, 2011.

[37] D. A. J.L., S. A., D. Armas, T. Aznielle, C.-R. L, and H. R., “SenseWitness: Un nuevo software para potenciales evocados,” p. , 2003.

[38] E. Mijares Nodarse *et al.*, “Cribado auditivo neonatal con potenciales evocados auditivos de estado estable a m??ltiples frecuencias,” *Acta Otorrinolaringol. Esp.*, vol. 62, no. 2, pp. 87–94, 2011.

[39] I. Torres, “Estimadores Robustos de Promediado para la Detección de Potenciales Relacionados con Eventos,” Universidad Central “Marta Abreu” de Las Villas, 2014.

[40] E. A. H. Elamir and A. H. Seheult, “Trimmed L-moments,” *Comput. Stat. Data Anal.*, vol. 43, no. 3, pp. 299–314, 2003.

[41] J. M. ????ski, “Robust weighted averaging,” *IEEE Trans. Biomed. Eng.*, vol. 49, no. 8, pp. 796–804, 2002.

[42] E. Laciar and R. Jane, “An Improved Weighted Signal Averaging Method for High-Resolution ECG Signals,” pp. 69–72, 2001.

[43] A. Taboada-Crispi, J. V Lorenzo-Ginori, and D. F. Lovely, “An adaptive enhancer with modified signal averaging scheme to detect ventricular late potentials,” *Prog. Pattern Recognition, Speech Image Anal.*, vol. 2905, pp. 334–341, 2003.

[44] C. M. D. Elberling, “Quality estimation of averaged auditory brainstem responses,” *Scand. Audiol.*, vol. 13, no. 3, 1984.

[45] E. Laciar, R. Jane, and R. J. E Laciar, *An improved weighted signak averaging method for high-resolution ecg signals.pdf*. 2001, pp. 69–72.

[46] T. Pander, S. Pietraszek, and T. Przybyła, “A Novel Approach to Robust Weighted Averaging of Auditory Evoked Potentials,” *Inf. Technol. Biomed. Vol. 4*, vol. 284, pp. 321–332, 2014.

[47] M. Kotas, T. Pander, and J. M. Leski, “Averaging of nonlinearly aligned signal cycles for noise suppression,” *Biomed. Signal Process. Control*, vol. 21, pp. 157–168, 2015.

[48] T. Pander, "A new approach to robust, weighted signal averaging," *Biocybern. Biomed. Eng.*, vol. 35, no. 4, pp. 317–327, 2015.

[49] Z. Leonowicz, J. Karvanen, and S. L. Shishkin, "Trimmed estimators for robust averaging of event-related potentials," *J. Neurosci. Methods*, vol. 142, no. 1, pp. 17–26, 2005.

[50] F. Hampel, E. Ronchetti, P. Rousseeuw, and W. Stahel, *Robust statistics: the approach based on influence functions*. 2011.

[51] A. Taboada-Crispi and J. Lorenzo-Ginori, "Adaptive line enhancing plus modified signal averaging for ventricular late potential detection," *Electronics*, 1999.

[52] E. Berninger, A. Olofsson, and A. Leijon, "Analysis of click-evoked auditory brainstem responses using time domain cross-correlations between interleaved responses.," *Ear Hear.*, vol. 35, no. 3, pp. 318–29, 2014.

[53] J. T. Valderrama *et al.*, "Automatic quality assessment and peak identification of auditory brainstem responses with fitted parametric peaks," *Comput. Methods Programs Biomed.*, vol. 114, no. 3, pp. 262–275, 2014.

[54] J. T. Valderrama, I. Alvarez, A. De La Torre, J. C. Segura, M. Sainz, and J. L. Vargas, "A portable, modular, and low cost auditory brainstem response recording system including an algorithm for automatic identification of responses suitable for hearing screening," *IEEE EMBS Spec. Top. Conf. Point-of-Care Healthc. Technol. Synerg. Towar. Better Glob. Heal. PHT 2013*, pp. 180–183, 2013.

[55] Y. Levit, M. Himmelfarb, and S. Dollberg, "Sensitivity of the Automated Auditory Brainstem Response in Neonatal Hearing Screening," *Pediatrics*, vol. 136, no. 3, pp. e641–e647, 2015.

[56] M. Congedo, L. Korczowski, A. Delorme, and F. Lopes da silva, "Spatio-temporal common pattern: A companion method for ERP analysis in the time domain," *J. Neurosci. Methods*, vol. 267, pp. 74–88, 2016.

[57] I. Kostorz, W. Kowalski, Z. Ludwig, J. Zaj, and ¸ Ac, "Detection of Waves of Auditory Brainstem Responses Using Ipan99 Algorithm," *J. Med. Informatics Technol.*, vol. 22, pp. 1642–6037, 2013.

[58] G. Savio López, E. Mijares Nodarse, M. C. Pérez Abalo, M. Vega Hernandez, A. Lage Castellanos, and D. Hernández Barros, "Eficiencia de la detección automática de potenciales evocados auditivos de estado estable a múltiples frecuencias evaluada mediante la metodología ROC," *Rev. Logop. Foniatría y Audiol.*, vol. 27, no. 1, pp. 12–23, 2007.

[59] B. C. E. H. Programme, "Audiology Assessment Protocol (BCEHP)," *http://www.phsa.ca/health-professionals/clinical-resources/hearing/BC Early Hearing Program: Audiology assessment protocols.pdf*, 2012. .

[60] C. C. Elliott, G. Lightfoot, and D. Parker, "Automated Auditory Brainstem Response Information and Guidelines for," *Am. J. Audiol.*, pp. 1–5, 2002.

[61] J. Paradis, "The Development of English as a Second Language With and Without Specific Language Impairment: Clinical Implications," *J. Speech, Lang. Hear. Res.*, vol. 59, no. 2, pp. 171–182, 2016.

[62] E. Mijares *et al.*, "Sensitivity of the Automated Auditory Brainstem Response in Neonatal Hearing Screening.," *Pediatrics*, vol. 3, no. 3, pp. 117–128, 2014.

[63] E. Stürzebecher, M. Cebulla, and W. K. D, "Objective detection of auditory brainstem potentials," *Scand. Audiol.*, vol. 29, no. 1, pp. 44–51, 2000.

[64] I. G. A. Da Silva, "Objective estimation of loudness growth using tone burst evoked auditory responses," *Diss. Abstr. Int. B Sci. Eng.*, vol. 70, no. 8, p. 4987, 2010.

[65] E. Stürzebecher, M. Cebulla, and K. D. Wernecke, "Objective response detection in the frequency domain: Comparison of several q-sample tests," *Audiol. Neuro-Otology*, vol. 4, no. 1, pp. 2–11, 1999.